dtv

François Jacob, Nobelpreisträger, Wissenschaftshistoriker und Pionier der Genforschung, ist wie kein anderer berufen, diese Wissenschaft darzustellen, die wohl in diesem Jahrtausend eine entscheidende Rolle spielen wird – nicht zuletzt deshalb, weil er die Gefahren seines Faches sehr genau kennt und die dunklen Punkte nicht ausspart. Anschaulich und elegant bettet Jacob die Fragestellungen, Wege und Ziele der Genforschung in eine kleine Kulturgeschichte der Tiere ein. Beispiel Fliege: Ehemals Sinnbild der Langeweile und der Nutzlosigkeit, rückte sie in den siebziger Jahren vor allem aufgrund ihrer rasend schnellen Fortpflanzung selbst zum Labor auf – zum Experimentierraum für das Leben schlechthin. An der Fruchtfliege, der Drosophila, wurde die grundlegende Erkenntnis der modernen Genetik gewonnen: Der Unterschied zwischen den Lebewesen liegt nicht in grundsätzlich unterschiedlichen Genen, sondern einer unterschiedlichen Anordnung ganz ähnlicher Bausteine aus dem großen genetischen Baukasten.

François Jacob, geboren 1920 in Nancy, wurde 1965 zusammen mit Jacques Monod und André Lwoff mit dem Nobelpreis für Medizin ausgezeichnet. Auf deutsch sind von ihm erschienen: ›Logik des Lebenden‹ (1972), ›Das Spiel der Möglichkeiten‹ (1983) und ›Die innere Statue‹ (1988).

François Jacob

Die Maus, die Fliege und der Mensch

Über die moderne Genforschung

Aus dem Französischen von
Gustav Roßler

Deutscher Taschenbuch Verlag

Ungekürzte Ausgabe
Mai 2000
Deutscher Taschenbuch Verlag GmbH & Co. KG, München
www.dtv.de
© 1997 Éditions Odile Jacob
Titel der französischen Originalausgabe:
La souris, la mouche et l'homme
Éditions Odile Jacob, Paris 1997
© 1998 der deutschsprachigen Ausgabe:
Berlin Verlag, Berlin
Umschlagkonzept: Balk & Brumshagen
Umschlagbild: Markus Voll
Gesamtherstellung: C. H. Beck'sche Buchdruckerei,
Nördlingen
Gedruckt auf säurefreiem, chlorfrei gebleichtem Papier
Printed in Germany · ISBN 3-423-33053-8

Inhalt

Einleitung

»›Aber zu welchem Zweck ist die Erde denn erschaffen
worden?‹ wollte Candide wissen.
›Um uns rasend zu machen!‹ lautete die Antwort.«

Voltaire, *Candide*

In seiner Novelle *Die Schöpfung* stellt Dino Buzzati dar, wie
der Allmächtige bei seinem Werk vorgegangen ist. Zunächst konstruiert er das Universum, mit einer kleinen Kugel in einer Ecke, einem Planeten, der so beschaffen ist, daß er ein
sehr seltsames und amüsantes Phänomen ermöglicht: das Leben.
»Die Vorstellung dieser kleinen, in der Unermeßlichkeit der
Räume hängenden Kugel mit einer Vielzahl von Wesen darauf,
die geboren werden, wachsen, sich vermehren und sterben, erscheint dem Schöpfer sehr reizvoll.«

Sogleich eilen Scharen von Architektenengeln herbei, um Entwürfe für die unzähligen Arten von Lebewesen, Pflanzen und
Tieren vorzulegen, die zum Gelingen des neuen Planeten erforderlich sind. Nach vielen Diskussionen mit seinem Exekutivkomitee segnet der Allmächtige die meisten dieser Projekte ab.
Übrig bleibt ein Plagegeist, der vergeblich versucht, die Aufmerksamkeit des Herrn auf sich zu ziehen. Doch endlich ist es
auch ihm gelungen, sich bis zu den Füßen des Schöpfers durchzuschlängeln. Seine Entwürfe stellen ein Tier mit wahrhaft unangenehmem, um nicht zu sagen abstoßendem Äußeren dar, und
doch verblüfft es, da es ganz anders als alles bisher Gesehene ist.

Auf der einen Seite ist das Männchen dargestellt, auf der anderen das Weibchen. Wie viele andere Tiere besitzen auch sie je vier Glieder, verwenden jedoch – zumindest den Zeichnungen nach zu urteilen – nur zwei davon zum Laufen. Kein Fell, abgesehen von einigen Büscheln hier und da, vor allem auf dem Kopf. Der Schöpfer scheint nicht sehr begeistert. Der andere bleibt hartnäckig: Es sei eine außergewöhnliche Erfindung, das einzige Vernunftwesen, als einziges Wesen dazu fähig, den Schöpfer anzubeten, zu Seiner Ehre Tempel zu errichten, in Seinem Namen äußerst blutige Kriege zu führen. »Willst du damit sagen, daß es ein Intellektueller ist«, wirft der Allmächtige entsetzt ein, »alles, bloß das nicht!« Widerwillig entfernt sich der Erfinder von Mann und Frau.

Die Erde entsteht. Mit ihren Wundern und Grausamkeiten, ihren Vergnügen und Ängsten, mit Liebe und Tod. Sie füllt sich mit verschiedenartigen Geschöpfen, wunderbaren und widerwärtigen, sanften und wilden, schauderhaften und unbedeutenden, schönen und abstoßenden. Der Tausendfüßler, die Eiche, der Bandwurm, der Adler, die Schlupfwespe, die Gazelle, der Rhododendron. Der Löwe! Die Nacht bricht herein. Müde, aber zufrieden sinkt der Herr in Schlaf. Plötzlich bemerkt er, daß an seinem Mantelschoß gezupft wird: Es ist der Aufdringliche, der Erfinder des Menschenpaares, der nicht lockerlassen will. Welche verrückte, ja gefährliche Idee, denkt der Schöpfer. Aber welch faszinierendes Spiel auch, welche Versuchung! Und im Halbschlaf akzeptiert er das verhängnisvolle Projekt.[1]

Um hinter der extremen Mannigfaltigkeit der Lebensformen gemeinsame Eigenschaften oder gar gemeinsame Züge entdecken

---

1 Dino Buzzati, *La Creazione,* Opere VI, *Il Colambre e altri cinquanta,* Mailand 1966, S. 19-27.

zu können, braucht es viel Einfallsreichtum – fast könnte man sagen Perversion –, und es ist viel Wissen zu erwerben, das dem Augenschein und der Intuition widerspricht. Auf den ersten Blick scheint jedes einzelne der aus der Arche Noah entlassenen Tiere gesondert von einem Künstler entworfen, dessen Phantasie sich darin gefallen hat, dem Leben möglichst verschiedenartige Aspekte zu verleihen. Befremdlicher noch erscheinen manche Merkmale wie Geburt, Wachstum und Alter, bei denen man nicht recht sieht, was den Künstler dazu bewogen hat, daraus das gemeinsame Los der Lebewesen zu machen. Insbesondere jener Zwang der Populationen, nach und nach durch Tod dahinzuscheiden und sich durch Fortpflanzung zu erneuern.

Seit ihrer Entstehung zu Beginn des 19. Jahrhunderts hat die Biologie die Funktionen immer weiter ergründet und ist tiefer und tiefer in die Strukturen eingedrungen. Trotz der Entsetzensschreie derer, die lauthals die Unteilbarkeit des Lebenden beschwören, hat der Reduktionismus Sieg auf Sieg davongetragen. Und je tiefer er vordrang, desto mehr verschwanden die Unterschiede zwischen den Organismen und behauptete sich die Einheit der lebenden Welt. In der Mitte des vorigen Jahrhunderts wurde mit der Entdeckung der Zelle – sozusagen dem Atom des Lebenden – die Einheit des Aufbaus nachgewiesen. Dann, mit der Evolutionstheorie, die Einheit des Ursprungs. Vor dem letzten Krieg folgte durch die Biochemiker der Nachweis einer Einheit der Strukturen und Funktionen hinter der Vielfalt der Formen. Seit den sechziger Jahren entdeckte die Molekularbiologie die Einheit der genetischen Systeme und der Grundmechanismen, die das Funktionieren der Zelle lenken. Seit den siebziger Jahren schließlich wurde mit dem Aufkommen der Gentechnologie die Einheit der lebenden Welt bis zu einem Punkt geführt, den sich vorher niemand hätte ausmalen können. Denn alle auf dieser Erde lebenden Wesen, welches auch immer ihr Milieu, ihre Größe oder Lebensweise sein mag, ob Nacktschnecke, Hummer, Fliege oder Giraffe, alle erweisen sich aus annähernd identischen Molekülen aufgebaut. Und es bleiben von der Hefe bis zum Menschen sogar Gruppen eng miteinander verbundener Moleküle bestehen, die allgemeine Funktionen gewährleisten, wie die Zellteilung oder die Signalübermittlung von der Membran zum Kern der Zelle.

So stehen wir heute vor einem außerordentlichen Paradox: Organismen in den unterschiedlichsten Formen sind mit Hilfe der gleichen Genbatterien konstruiert. Die Verschiedenartigkeit der Formen erklärt sich durch kleine Veränderungen in den Regulationssystemen, die die Genexpression, die Aktivierung der Gene, steuern. Die Struktur eines ausgewachsenen Tieres geht aus der Embryonalentwicklung hervor. Und je nachdem, ob während dieser Entwicklung ein Gen etwas früher oder später exprimiert wird, ob es in größerer Menge und in etwas anderem Gewebe seine Funktion erfüllt – schon ist das erwachsene Tier grundlegend verändert. So haben Fische und Säugetiere trotz ihrer gewaltigen Unterschiede annähernd die gleichen Gene. Oder Krokodile und Spatzen. Das schöpferische Potential der Regulationsnetze liegt in ihrer hierarchischen und kombinatorischen Natur. Nur indem das Netz der zahlreichen Regulatorgene anders verschaltet wird, können auf mehreren Ebenen beträchtliche Variationen tierischer Formen entstehen; denn die Regulatorgene bestimmen den Moment, an dem dieses oder jenes Gen exprimiert wird. Durch die Ähnlichkeit der Gene, die die Embryonalentwicklung von sehr unterschiedlichen Organismen lenken, wird letztendlich die Entwicklung komplexer Formen möglich. Wäre für das Auftreten jeder neuen Art die Bildung neuer Regulationsnetze erforderlich gewesen, so hätte die Zeit nicht genügt, um die von der Paläontologie beschriebene Evolution zu ermöglichen. Durch die Bastelei der Evolution aber können die Regulationselemente in verschiedenartigen Entwicklungssystemen zusammentreten.

Alle Lebewesen erweisen sich also aus den gleichen, auf unterschiedliche Weise angeordneten Modulen zusammengesetzt. Die lebende Welt ergibt sich aus einer Art Kombinatorik von Elementen in begrenzter Anzahl; sie gleicht dem Produkt eines gigantischen Baukastens und geht hervor aus der fortgesetzten Bastelarbeit der Evolution. In einer solchen Vorstellung kommt die völlig veränderte Perspektive zum Ausdruck, die sich im Laufe der letzten Jahre in der Welt der Biologie durchgesetzt hat.

Viele Menschen verstehen nicht, warum sich die Forschung für Fragen interessiert, die ihnen selbst völlig bedeutungslos vorkommen. Sie verstehen nicht, warum Wissenschaftler sich nicht um wirklich wichtige Fragen kümmern, wie Leben und Tod, Schnupfen und Haarausfall. Kein Forscher hat jedoch je die geringste Bekanntheit dadurch erlangt, daß er nichts entdeckt hat. In den Worten Peter Medawars[2] zu sprechen: So wie die Politik die Kunst des Möglichen ist, ist die Forschung die Kunst des Lösbaren. Wissenschaftler beschäftigen sich zwar mit dem, was ihnen am wichtigsten erscheint, aber eben am wichtigsten unter den Problemen, die sie für faßlich halten; das heißt den Problemen, die ihnen – zu Recht oder zu Unrecht – lösbar vorkommen. Denn ihr Beruf besteht nicht darin, sich nur mit Fragen herumzuschlagen, sondern Antworten darauf zu finden. Wie viele menschliche Aktivitäten, wie das Leben im allgemeinen bewegt sich auch der Wissenschaftler zwischen zwei Polen: zwischen

2 Peter Medawar, *Die Kunst des Lösbaren*, Göttingen 1972.

dem Wünschenswerten und dem Möglichen. Ohne Mögliches ist das Wünschenswerte nur ein Traum. Ohne Wünschenswertes ist das Mögliche nur Langeweile. Zwar ist es oft schwierig, dem Traum und der Utopie zu widerstehen. Aber die Phantasie läßt sich durch Experimente im Zaum halten. Bei jeder Etappe seiner Arbeit ist der Wissenschaftler verpflichtet, sich der Kritik und dem Experiment auszusetzen, um den Anteil des Traums in seiner Darstellung der Welt einzuschränken. Das wissenschaftliche Vorgehen besteht darin, unentwegt das, was sein könnte, mit dem zu vergleichen, was ist.

Um ein wichtiges Problem in Angriff zu nehmen, um die Chance zu haben, eine Lösung dafür zu finden, muß der Biologe das angemessene Untersuchungsmaterial auswählen. Ein Material, das ihm ermöglicht, bestimmte Typen von Experimenten durchzuführen, wie sie die ins Auge gefaßte Untersuchung erfordert. Als Morgan zu Beginn unseres Jahrhunderts die Vererbung analysieren wollte, verwendete er die Fruchtfliege *Drosophila*, wodurch er die Frage der genetischen Übertragung von Merkmalen lösen konnte. In der Mitte des Jahrhunderts ging es darum, die chemische Natur der Vererbung genauer zu bestimmen und die Grundfunktionen der Zelle zu analysieren. Als Material wählten die Molekularbiologen Bakterien, denn nur diese eigneten sich für solche Untersuchungen. Als später durch die Gentechnologie das Erbmaterial jedes beliebigen Organismus zugänglich wurde, stieg die Drosophila wieder in der Gunst der Forscher. Sie bot zum ersten Mal die Möglichkeit, die genetischen Grundlagen der Embryonalentwicklung und der großen Funktionen des Organismus zu erforschen. Daraufhin erfolgte die unvorstellbare Entdeckung, daß die gleichen regulativen Strukturen über die gesamte Evolution hinweg fortbestehen. Nun war es möglich, zur Untersuchung der Säugetiere zu schrei-

ten, in diesem Falle der Maus. Für Biologen, die wie ich diese
ganze Periode erlebt haben, ergab sich daher die Notwendigkeit,
das Material zu wechseln, manchmal sogar mehrmals.

Gegen Ende der sechziger Jahre war es klar, daß der Schwerpunkt der Biologie sich langsam verschob. Auch wenn die Untersuchung von Bakterien und Viren uns noch viel lehren konnte, würde sie nach und nach in den Hintergrund rücken. Wollte
man nicht auf der Stelle treten und sich immer wieder die gleichen Fragen vornehmen, mußte man den Mut aufbringen, alte
Forschungen und altes Material aufzugeben, um sich neuen Problemen zuzuwenden, die mit geeigneten Organismen zu untersuchen waren.

Das Wort Mut ist nicht zu stark. Der jahrelange tägliche Umgang mit einem lebenden Organismus, wie unscheinbar dieser
auch sein mag, führt schließlich zu einer gewissen Vertrautheit
mit ihm. Fast könnte man sagen, zu einer gewissen Zärtlichkeit
ihm gegenüber. In fünfzehn Jahren Umgang mit einem bestimmten Kolibakterium hatte ich Hunderte von Mutanten gesammelt. In jeder einzelnen Mutante war die eine oder andere
Zellfunktion verändert, von denen viele für das Leben und die
Reproduktion der Bakterie unentbehrlich waren. Alles aufzugeben, was ein solches Material einbringen konnte; auf jene Art von
Intimität zu verzichten, die sich einstellt, wenn man die kleinen,
ungeschriebenen Rezepte kennt, die ganze Atmosphäre, die die
Arbeit an einem bestimmten Organismus umgibt; bei Null an-
zufangen mit einem anderen, unbekannten Organismus, dessen
Eigenheiten neu entdeckt werden mußten – es war ein beträcht-
liches Opfer. Ein wenig, als würde man ein geliebtes Wesen verlassen. Aber gleichzeitig war es ein mitreißendes Projekt. Es bedeutete, in eine unbekannte Welt vorzudringen. Ein neues Leben
zu beginnen. Sich zu verjüngen …

Es geht hier um Moleküle, Fortpflanzung und um die Bastelei der Evolution. Es geht auch darum, wie die Biologen funktionieren, wie sie Schönheit und Wahrheit, Gut und Böse betrachten. In den letzten Jahren habe ich in Frankreich und im Ausland einige Vorträge zu diesen Themen gehalten. Sie lieferten mir das Material, von dem ausgehend ich dieses Buch geschrieben habe.

KAPITEL I
DIE BEDEUTUNG DES UNVORHERSEHBAREN

Im antiken Griechenland wagte sich kein König an das geringste Abenteuer, ohne zuvor das Orakel zu Rate gezogen zu haben. Für die Griechen blieb allerdings die Fähigkeit, in die Zukunft zu sehen, den gemeinen Sterblichen versagt; sie war den Göttern, und auch nur manchen Göttern vorbehalten. Ausnahmsweise und als Dank für geleistete Dienste konnte ein Sterblicher die Gabe der Weissagung von einem Gott übertragen bekommen. Dies war der Fall bei dem bekanntesten Seher, Teiresias, der sich vor allem dadurch hervortat, daß er solchen Berühmtheiten wie Narziß, Ödipus oder Herakles ihr Schicksal weissagte. Teiresias war blind. Manche sagen, daß Athene ihn geblendet hatte, weil er sie aus Versehen nackt beim Bade gesehen hatte. Bewegt von den Wehklagen seiner Mutter löste sie jedoch die Schlange Erichthonios von ihrem Schild und befahl ihr, die Ohren des Teiresias mit ihrer Zunge zu reinigen, so daß er die Sprache der Vögel verstehen konnte.

Andere sagen, daß Teiresias seine Sehergabe von Zeus erhielt, weil er eine der schwierigsten Fragen gelöst hatte, die sich den Menschen stellen: nämlich, wer bei der Liebe die meiste Lust empfindet, Mann oder Frau? Als er sich eines Tages auf dem Berg

Kylene erging, stieß Teiresias auf zwei sich paarende Schlangen. Die beim Akt gestörten Tiere griffen ihn an. Teiresias verteidigte sich mit seinem Stock und tötete das Weibchen. Auf der Stelle wurde er von Athene in eine Frau verwandelt, die später eine berühmte Prostituierte wurde. Nach einigen Jahren befand er sich wieder an der gleichen Stelle und in der gleichen Situation, und wieder griff ihn das Schlangenpaar an. Diesmal tötete er jedoch das Männchen mit Stockschlägen, woraufhin er seine Mannesgestalt wiedererlangte. Einige Tage später brach zwischen Zeus und Hera ein Ehekrach aus, wobei diese jenem seine zahlreichen Treulosigkeiten vorwarf. Zu seiner Verteidigung brachte Zeus vor, daß sie beim Beischlaf mit ihm jedenfalls den besseren Teil hätte. »Es ist allgemein bekannt«, brummte er, »der Geschlechtsakt verschafft der Frau sehr viel mehr Lust als dem Mann.« »Keineswegs«, gab Hera wütend zurück, »wie du sehr wohl weißt, ist es genau umgekehrt.« Teiresias wurde gerufen, um den Streit zu schlichten, indem er aufgrund seiner eigenen Erfahrung seine Ansicht zu der strittigen Frage kundtun sollte. »Wenn die Lust in der Liebe mit zehn gezählt wird«, antwortete er, »so empfangen die Frauen drei mal drei und die Männer nur eins.« Aufs äußerste gereizt durch Zeus' triumphierendes Lächeln, blendete Hera Teiresias. Zum Ausgleich gewährte Zeus ihm die Sehergabe und eine Lebensdauer, die sieben Menschenalter umfassen sollte.

Orakel und Weissagung treten so als eine Form des Austauschs zwischen Menschen und Göttern auf, bleiben aber immer das Vorrecht der Götter. Die Dinge haben sich seither kaum geändert. Möglicherweise infolge einiger Mißbräuche sind die Götter mißtrauisch geworden und gestehen den Menschen keinerlei Sehergabe mehr zu. Denn kein Wahrsager, Magier und keine Hellseherin hat das wirtschaftliche Wachstum Japans, den Fall der Berliner Mauer, die Auflösung der Volksdemokratien oder die AIDS-Epidemie vorausgesagt, noch irgendein anderes wichtiges Ereignis der letzten Jahre.

So können wir nicht wissen, was morgen geschehen wird, obwohl gerade das uns am meisten interessiert. Denn eine der allgemeinsten, der notwendigsten Aktivitäten der Lebewesen besteht darin, nach vorne zu blicken. Valéry sprach vom »Zukunft machen«[1]. Ein Organismus ist nur lebendig, solange er noch weiter leben wird, und sei es nur für einen Augenblick. Es gibt keine einzige Bewegung, kein einziges Verhalten, worin nicht ein Nachher, ein Später, ein Übergang zum folgenden Moment enthalten wäre. Atmen, essen, gehen heißt vorwegnehmen, antizipieren. Sehen heißt voraussehen. Jede unserer Handlungen, jeder unserer Gedanken bindet uns an das, was sein wird. Bei jedem menschlichen Wesen ist die Zukunft vom Leben selbst nicht zu trennen.

Unsere Vorstellungskraft führt uns das immer wieder aufgefrischte Bild dessen, was geschehen könnte und was möglich ist, vor Augen. Und mit diesem Bild vergleichen wir dauernd, was wir befürchten und erhoffen. An der Vorstellung zukünftiger Möglichkeiten richten wir unsere Wünsche und Abneigungen aus. Unser Organismus ist eine Art Voraussicht-Maschine, ein Komplex von automatisch voraussehenden Apparaten. Aber wenn es auch in unserer Natur liegt, unentwegt in die Zukunft zu blicken, so ist das System doch so eingerichtet, daß unsere Erwartungen zwangsläufig unsicher sind. Zwar können wir uns selbst nicht denken ohne einen folgenden Augenblick, aber wir können nicht wissen, worin dieser Augenblick bestehen wird. Was wir heute voraussehen, wird sich nicht verwirklichen. Daß

1 Paul Valéry, *Œuvres I*, Paris 1962, S. 1428.

Veränderungen stattfinden, ist gewiß, doch die Zukunft wird anders sein, als wir glauben. Alles ist so eingerichtet, daß wir die Zukunft nicht kennen können, obwohl sie uns von allem am meisten interessiert. Dieses Bedürfnis, sich die Zukunft vorzustellen, gepaart mit der Unmöglichkeit, sie zu kennen, ist mit dem Lauf des Lebens selbst verwoben. Beides bildet einen Bestandteil, ein Grundelement dieses Lebens. »Wie leben, ohne vor sich ein Unbekanntes?« fragte René Char.[2]

Das einzige Ereignis, das jeder von uns mit Gewißheit voraussehen kann, ist der eigene Tod. Und der Gedanke daran ist nur deshalb einigermaßen erträglich, weil in der Regel die Stunde des Todes völlig unvorhersehbar bleibt. Die Unvorhersehbarkeit ersetzt hier die Unsterblichkeit. Jonathan Swift[3] hat ein zusätzliches Heilmittel gefunden, um den Gedanken des Todes erträglich zu machen. Bei seiner Reise auf die Insel Luggnagg trifft Gulliver auf ein höfliches und großherziges Volk, das eine Besonderheit aufweist. Eine kleine Minderheit der Bevölkerung, die Struldbrugs, sind unsterblich. Die Unsterblichkeit ist kein Vorrecht bestimmter Familien, sondern dem Zufall geschuldet. Man könnte meinen, daß eine Nation, in der jedes Kind mit der Chance der Unsterblichkeit geboren wird, darüber glücklich sein müßte. Aber dem ist nicht so. Denn die Struldbrugs haben die Unsterblichkeit nicht in Form immerwährender Jugend empfangen. Sie altern. Und wie der Geliebte der Göttin Aurora, dem Zeus zwar Unsterblichkeit, nicht jedoch ewige Jugend verliehen hatte, werden die alternden Struldbrugs abstoßend, unerträglich und unglücklich. Von der übrigen Bevölkerung, das heißt der gewaltigen Mehrheit, werden sie verachtet und gehaßt.

---

2 René Char, »Das pulverisierte Gedicht«, in: ders., *Draußen die Nacht wird regiert. Poesien. Französisch und deutsch*, Frankfurt a. M. 1986, S.71.

3 Jonathan Swift, *Gullivers Reisen*, München 1964, S. 275-285.

Den anderen erscheint der Tod als Befreiung von jener fürchterlichen Geißel der Unsterblichkeit.

Warum verhalten sich die Dinge so und nicht anders? Warum sind sie nicht vorhersehbar, selbst wenn sie im nachhinein erklärbar sind? Dies ist eines der Themen, die Tolstoi im letzten Teil von *Krieg und Frieden* entwickelt. Für Tolstoi gibt es keinerlei Übereinstimmung zwischen den Ereignissen und dem Willen der Menschen. Zwischen dem tatsächlichen Verlauf der Kämpfe während des Rußlandfeldzugs und den Anstrengungen der Befehlshaber Napoleon und Kutusow. Das beste Beispiel für dieses Mißverhältnis liefert die Schlacht von Borodino. Weder für die Franzosen noch für die Russen gab es den geringsten Grund, sie zu eröffnen. Ihr Ausgang war für die Russen ein weiterer Schritt auf den Verlust Moskaus zu, den sie mehr als alles auf der Welt fürchteten; für die Franzosen war es ein weiterer Schritt auf den Verlust ihrer Armee zu, den sie ebenfalls am meisten auf der Welt fürchteten. Dennoch gab es schon vor Beginn der Kämpfe kaum Zweifel an genau diesem Ausgang. Was weder Napoleon davon abhielt, die Schlacht einzuleiten, noch Kutusow, sie anzunehmen.

Kutusow hatte sich die möglichen Manöver Napoleons lange vorzustellen versucht. Er hatte sich überlegt, die eigene Armee an einem Punkt zu konzentrieren, um die gegnerische Schlachtlinie zu durchbrechen. Oder sie in mehrere Korps aufzuteilen, um den Gegner einzukreisen. Er hatte die verschiedensten Möglichkeiten erwogen, durchgespielt, ins Auge gefaßt. Das einzige jedoch, was er nicht vorhersehen konnte, war das, was eintrat: ein unsinniges und ruckartiges Kommen und Gehen der Napoleonischen Armee. »Doch damals sah niemand voraus, was uns heute klar auf der Hand liegt, daß [...] einer achtmalhunderttausend Mann starken Armee, die die tapferste in der ganzen Welt war

und noch dazu von dem hervorragendsten Feldherrn geführt
wurde, von einer halb so starken, unerfahrenen, von weniger
geübten Führern geleiteten russischen Armee der Untergang be-
reitet werden konnte.«[4] Nicht nur sah dies niemand voraus, es
wurden auf seiten der Russen sogar alle möglichen Anstrengungen unternommen, um das zu verhindern, was Rußland hätte
retten können; während man auf seiten der Franzosen, trotz der
Erfahrung und dem angeblichen militärischen Genie Napoleons
angestrengt versuchte, noch vor Ende des Sommers Moskau zu
erreichen, also gerade das zu tun, was den Untergang des französischen Heeres herbeiführen mußte.

So glauben, fährt Tolstoi fort, die Befehlshaber im Krieg, den
Lauf der Dinge vorherzusehen, zu entscheiden, zu beherrschen
und zu bestimmen. In Wirklichkeit hängt alles von der unerwarteten Handlung eines Ausführenden ab. Oder auch von irgendeiner spontanen Bewegung, die ganze Armeen unversehens erhebt
oder niederwirft. »Ein Oberkommandierender«, schreibt Tolstoi
über Kutusow, »wird immer inmitten einer fortlaufenden Reihe
von Ereignissen stehen, so daß er niemals und nicht einen einzigen Augenblick imstande sein wird, die volle Bedeutung eines
sich eben vollziehenden Ereignisses zu überdenken. Unmerk-
lich, von Augenblick zu Augenblick, reift das Ereignis zu seiner
eignen Bedeutung aus.« So ist der beste General derjenige, der
im Kriegsrat reden und gewähren läßt, und am Vorabend der
Schlacht einen Kriminalroman liest. Am klügsten ist der, der
nicht handelt und die Ereignisse ihren Lauf nehmen läßt. »Warum kam es nun so und nicht anders?« schließt Tolstoi. »Nun,
eben deshalb, weil es so kam.«[5]

---

4 Leo N. Tolstoi, *Krieg und Frieden*, München 1975, S. 935.
5 Ebd., S. 1533.

Es ist nicht uninteressant, daß um die Jahrtausendwende in unserer westlichen Gesellschaft geradezu eine Zukunftsindustrie aufblüht. In Frankreich gibt es an die vierzigtausend Wahrsager, Kartenlegerinnen, Astrologen und andere Hellseher, die sich einen jährlichen Umsatz von vielen Milliarden Francs teilen. Nahezu einer von zehn Franzosen, darunter nicht wenige Politiker, scheint sich wie die Könige der *Ilias* zu verhalten und mehr oder weniger regelmäßig seine bevorzugte Hellseherin zu konsultieren. Es heißt, daß einer der amerikanischen Präsidenten der jüngeren Vergangenheit seine Entscheidungen immer erst nach der Beratung mit seiner Frau fällte, die ihrerseits zuvor ihre Hellseherin zu Rate gezogen hatte. Auch manche französische Präsidenten haben gerne die Sterne auf ihrer Seite.

Das Vertrauen in das Vermögen der Wissenschaft, Voraussagen zu treffen, ist im allgemeinen so stark, daß Hellseher und Wahrsager nicht zögern, ihre Vorhersagen als »wissenschaftlich« zu bezeichnen, um Kunden anzulocken. Und dieses Vertrauen ist beileibe kein Vorrecht von Wahrsagern und Hellsehern. Jahr für Jahr werden Kolloquien mit futuristischen Themen wie den folgenden veranstaltet: »Die Biologie in zwanzig Jahren« oder »Die Medizin des 21. Jahrhunderts« oder »Die gesellschaftlichen Auswirkungen der Wissenschaft zu Beginn des nächsten Jahrhunderts«. Wer solche Themen wählt, liebt die offene Weite. Er will umfassende Perspektiven eröffnen, weite Alleen bauen, in die eine gefügige Zukunft sich ganz von selbst hineinschmiegen wird. Denn Wissenschaftsfunktionäre und -politiker ertragen schlecht die Vorstellung einer tastenden, blinden Wissenschaft, die keine bestimmten Resultate garantieren kann. Da sie als die Verwalter der Forschung gelten, glauben sie es sich selbst schuldig zu sein, ihr die Richtung zu weisen. Sie wollen an diesem großen Abenteuer der Menschheit beteiligt sein. Projekte zu

entwickeln, eine Richtung vorzugeben und von der Zukunft zu
sprechen bedeutet für manchen schon, die Zukunft zu meistern.

Doch auch die Wissenschaft ist unvorhersehbar. Die Forschung ist ein Prozeß ohne Ende. Man weiß niemals, wie er sich
entwickeln wird. Das Unvorhersehbare liegt in der Natur des
wissenschaftlichen Unternehmens. Wenn das, was man findet,
wirklich neu ist, so ist es definitionsgemäß etwas, das man vorher
nicht gekannt hat. Es läßt sich nicht sagen, wohin ein bestimmtes Forschungsgebiet führen wird. Daher lassen sich auch nicht
bestimmte Aspekte der Wissenschaft verwerfen und andere
behalten. Wie Lewis Thomas betonte[6], hat man die Wissenschaft
oder man hat sie nicht. Und hat man sie, kann man nicht nur
herausgreifen, was einem zusagt, sondern muß auch ihren überraschenden und beunruhigenden Anteil akzeptieren.

Daher hofft man vergeblich, die Richtung voraussehen zu können, die eine Wissenschaft einschlagen wird. Auf der Grundlage
des erlangten Wissens läßt sich natürlich jederzeit ausmalen, was
in den kommenden, sagen wir, fünf Jahren geschehen wird. Aber
dies ist der uninteressanteste Teil der Forschung, der Alltags-
trott, die Routine. Wirklich interessant ist der nicht vorherseh-
bare Teil, ist das, was ein Unbekannter in einem Speicher oder
Keller plötzlich entdecken, was er mit einem neuen Blick betrachten wird, und wie er damit ein neues Licht auf unser Universum oder ein kleines Bruchstück davon wirft. Mit Bezug auf
die Grundlagenforschung läßt sich sogar sagen, daß es sich wahrscheinlich nicht um eine wichtige Frage handelt, wenn nicht anfangs eine gute Portion Ungewißheit über die Ergebnisse eines
Experiments besteht. Meist beginnt man mit Daten, die eher un-
eindeutig und relativ unvollständig sind. Das Problem besteht

6 Lewis Thomas, *The Medusa and the Snail*, New York 1979, S. 73.

darin, Beziehungen zwischen Informationsbruchstücken zu finden, die dem Anschein nach nichts miteinander zu tun haben. In tastenden Versuchen werden Pläne für Experimente aufgestellt, wobei man sich auf Wahrscheinlichkeiten stützt. Fällt das Resultat eines Experiments wie vorgesehen aus, ist es zwar manchmal interessant. Im allgemeinen ist es jedoch sehr viel wertvoller, wenn es eine Überraschung darstellt. Die Bedeutung einer wissenschaftlichen Arbeit läßt sich fast an der Intensität der von ihr ausgelösten Überraschung messen.

Dieser unvorhersehbare Aspekt wird im gesamten Verlauf der Wissenschaftsgeschichte deutlich. Wer hätte im Jahr 1850, vor Koch und Pasteur, gesagt, daß Ansteckungskrankheiten sich als Folge der Ausbreitung von spezifischen Keimen im Körper erweisen würden? Oder 1950, vor der Arbeit von Watson und Crick, daß die Chemie der Vererbung noch vor der Chemie der Sehnen verstanden werden würde? Das gilt nicht nur für die Grundlagenforschung, sondern auch für ihre Anwendungen. Hätte man in der Steinzeit Geräte zum Schneiden und Durchtrennen entwickeln wollen, so hätte man mit allen Mitteln und in allen möglichen Formen Steinäxte produziert, aber hätte doch niemals die Bronze entdeckt! Und hätte man am Ende des 19. Jahrhunderts die Methoden verbessern wollen, um Geschosse im Körper ausfindig zu machen, so hätte man Sonden in allen möglichen Formen, Größen und aus unterschiedlichstem Material produziert, aber niemals hätte man das Vorhandensein und die mögliche Verwendung der Röntgenstrahlen vorausgesehen.

Wie schon gesagt, gibt es eine bestimmte gesellschaftliche Gruppe, der dieser unvorhersehbare Charakter der wissenschaftlichen Forschung nicht behagt. Es sind die Wissenschaftspolitiker und -funktionäre. Sie mögen keine Unternehmen, von denen es heißt, man könne nicht vorhersehen, wohin sie führen. Daher ihre Vorliebe für ungeheure Programme, deren Ziel – deren »Zweckrichtung«, wie es gerne heißt – klar festgelegt ist: das menschliche Genom, Krebs, AIDS etc. Allesamt Bereiche, für die man glaubt, Forschungspläne und -kalender aufstellen zu können.

Solche Projekte können jedoch nur gelingen, wenn sie auf einer schon deutlich fortgeschrittenen Forschung beruhen, auf fest eingerichteten Disziplinen, die auf dem einmal eingeschlagenen Weg bleiben und bewährte Ideen, Methoden und Techniken einsetzen. Festgelegte Pläne sind jedoch fehl am Platz bei der Forschung in vollständig unbekannten Bereichen, das heißt in Wissenschaften, die im Entstehen begriffen sind, die sich unschlüssig und stolpernd vorwärtsbewegen, wo die Probleme noch schlecht definiert und die Daten noch verworren sind. Es besteht keinerlei Aussicht, für erst notdürftig formulierte Fragen eine Lösung zu finden. Hier besitzt die Forschung noch einen unbändigen, entfesselten, geradezu wilden Charakter, der für die breite Öffentlichkeit schwer verständlich ist. Wie soll man in einer solchen Turbulenzphase langfristige Pläne aufstellen? Wie die Etappen einer völlig unvorhersehbaren Entwicklung ermitteln?

Was Politiker jedoch tun können und tun müssen, ist, die Bedeutung der Wissenschaft für das Staatswesen zu bestimmen, also den Anteil am Haushalt, der ihr zusteht. Was Wissenschaftsministerien tun können und tun müssen, ist, die relative Bedeutung der verschiedenen wissenschaftlichen Disziplinen festzulegen, also den jeweiligen Anteil am »Forschungshaushalt«. Beide Rollen illustriert beispielhaft das Verhalten General de Gaulles 1958 bei seiner »Rückkehr zu den Staatsgeschäften«. Zum einen erkannte er die Bedeutung der wissenschaftlichen Forschung an, indem er die *Délegation à la recherche* ins Leben rief: Sie war, einem über mehrere Jahre laufenden Plan entsprechend, mit einem erweiterten Budget ausgestattet. Zum anderen bewies er eine erstaunliche Voraussicht, wie Raymond Latarjet[7] in der folgenden Anekdote überliefert hat. Um sich beraten zu lassen, hatte de Gaulle ein Komitee der zwölf »Weisen« ernannt. Nach einem Jahr beschloß de Gaulle, einige Forschungsgegenstände auszuwählen, denen aufgrund ihres besonderen Interesses auch besondere Geldmittel bewilligt werden sollten. Dazu berief er die zwölf Weisen ein. Er versammelte sie an einem Tisch und bat jeden von ihnen, in fünf Minuten das Forschungsthema darzustellen, das ihm für eine Finanzierung geeignet erschien. So geschah es. Nach einer Stunde trat Schweigen ein. De Gaulle ergriff das Wort: »Man könnte meinen, daß ein General besonders empfänglich für wirkungsvolle Projekte ist, deren Fachbegriffe er versteht, deren Ansätze er teilt, deren Entwicklungen, Auswirkungen und Anwendungen er leicht überblicken kann, wie es unter den dargelegten beispielsweise die Umwandlung von Energie, die Eroberung des Weltalls, die Nutzbarmachung der Meere sind. Aber tief im Inneren frage ich mich, ob diese geheimnisvolle Molekularbiologie – von der ich nichts verstehe und im übrigen auch nie etwas verstehen werde –, nicht mittelfristig mehr unvorhersehbare und fruchtbare Entwicklungen verspricht, die unser Verständnis der grundlegenden Phänomene des Lebens und ihrer Störungen sehr voranbringen würden. Vielleicht wird dadurch eine neue Medizin begründet, von der wir heute noch keine Vorstellung haben; es könnte womöglich die Medizin des 21. Jahrhunderts sein.« Daraufhin wählte das Komitee die Molekularbiologie zur vorrangigen Förderung aus. Welch erstaunliche Zukunftsvision! So erstaunlich wie de Gaulles Voraussagen über den Kriegsverlauf im Juni 1940!

7 Raymond Latarjet, *Laboratoire Raymond Latarjet*, Paris (Institut Curie) 1992.

Diese Geschichte zeigt, wie ein außergewöhnlicher Politiker
die Bedeutung einer neuen Disziplin erkennen und ihr die Mittel zu ihrer Entwicklung verschaffen kann. Aber gerade die Entstehung der Molekularbiologie verdeutlicht auch die Unmöglichkeit, die Forschung in einem neuen Bereich zu organisieren, sie zu »planen«, wie man sagt. Die verblüffenden Eigenschaften der Lebewesen – solche, die noch vor kurzem den Rückgriff auf den Begriff einer »Lebenskraft« zu erfordern schienen – versucht die Molekularbiologie durch Struktur und Wechselwirkungen der Moleküle zu erklären, aus denen die Organismen bestehen. Diese neue Biologie ist zwischen dem Ende der dreißiger und dem Anfang der fünfziger Jahre aus individuellen Entscheidungen einiger weniger Wissenschaftler hervorgegangen. Die Forscher kamen aus den unterschiedlichsten Gebieten: Biologie, Physik, Medizin, Mikrobiologie, Chemie, Kristallographie etc. Als sie erkannten, daß im Zentrum der Erforschung der lebenden Welt die von der Genetik aufgeworfenen Fragen standen, erfanden sie eine neue Biologie. Niemand drängte sie in diese Richtung. Keine Verwaltung, keine Stiftung, kein Forschungsminister brachte sie auf diesen Weg. Im Gegenteil, durch die Neugier jedes einzelnen von ihnen, durch einen neuen Blick auf die alten Probleme wurden diese wenigen Männer und Frauen in die Lage versetzt, das Problem der Vererbung zu lösen. Die Geschichte der Molekularbiologie kann als Modell dafür dienen, wie eine originelle Forschung unabhängig von möglichen Anwendungen in Gang kommt. Diese sind erst nachträglich mit der sogenannten Gentechnologie aufgetaucht, also mit der Möglichkeit, in die Gene der Organismen einzugreifen.

Auch die Gentechnologie, ja die Bedingung ihrer Möglichkeit selbst ist auf völlig unvorhersehbare Weise entstanden. Bei der Arbeit mit Bakteriophagen, das heißt mit Viren, die Bakterien angreifen, entdeckten Forscher in den fünfziger Jahren ein seltsames Phänomen. Ein bestimmtes Virus konnte sich auf zwei Bakterienstämmen, A und B, reproduzieren, wenn es auf Stamm A präpariert worden war. War es dagegen auf Stamm B präpariert worden, konnte es sich ausschließlich auf Stamm B vermehren, jedoch nicht mehr auf Stamm A. Nachdem die Merkwürdigkeit der Situation einmal festgestellt war, verloren die meisten Forscher das Interesse daran, ausgenommen zwei Schweizer Biologen, Jean Weiglé und Werner Arber. Der erste starb kurz nach seiner Entdeckung des Phänomens. Der zweite verfolgte die Analyse weiter, und war dabei von einer nahezu vollkommenen Gleichgültigkeit umgeben. Insbesondere auf seiten der Gremien und Organisationen, die mit der Verteilung von Forschungsgeldern betraut waren. Hartnäckig setzte Arber seine Arbeit fort. Im Verlauf einiger Jahre konnte er zeigen, daß das merkwürdige Phänomen auf das Vorhandensein von Enzymen in manchen Bakterienstämmen zurückzuführen war, Enzymen, deren Aufgabe es ist, die fremde DNA zu zerschneiden und so daran zu hindern, die Bakterien zu befallen. Jedes dieser höchst spezifischen Enzyme erkennt eine bestimmte kurze DNA-Sequenz und stellt geradezu eine genetische Schere dar. Damit wurde es dann möglich, ein DNA-Molekül an ganz bestimmten Punkten zu durchtrennen, um es im Detail zu untersuchen. Wer hätte damals gedacht, daß die Erforschung des von Weiglé und Arber gefundenen Phänomens zu der überraschenden Entwicklung der Gentechnologie führen würde?

Auch kommt es vor, daß manche Voraussagen, die zu einem bestimmten Zeitpunkt gemacht werden konnten, plötzlich von einer neuen Entwicklung der Forschung überholt werden. Das ist zum Beispiel der Fall beim sogenannten »Klonen« menschlicher Wesen. Bei den Mikroorganismen bezeichnet man mit dem Namen Klon die Gesamtheit der genetisch identischen Individuen, die durch Teilung, das heißt durch ungeschlechtliche Fortpflanzung, von einem einzigen Organismus abstammen. Bei den komplexen Organismen mit geschlechtlicher Fortpflanzung fragte man sich lange, welches der jeweilige Anteil von Zellkern und Zytoplasma bei den Phänomenen der Zelldifferenzierung sei. Es war vor allem die Frage, ob der Kern, der in der Eizelle zur Bildung von allen Geweben fähig ist, manche seiner Fähigkeiten im Laufe der Differenzierung verliert. Um diese Frage zu beantworten, wurden Experimente mit »Zellkerntransplantationen« durchgeführt: Der Kern einer Eizelle wird durch einen Kern ersetzt, der aus einer differenzierten Zelle aus dem Darm, der Niere o. ä. stammt. Beim Frosch konnte man so beobachten, daß durch diesen Umbau in manchen Fällen die Erzeugung von Kaulquappen, ja von ausgewachsenen Fröschen möglich war. Daher kam der Gedanke auf, daß ausgehend von den Zellen Brigitte Bardots oder General de Gaulles beliebig viele Brigitte Bardots oder Generäle de Gaulle fabriziert werden könnten. Vor zehn oder fünfzehn Jahren erschienen so plötzlich eine Vielzahl von Artikeln, in denen die Vorteile, oder vielmehr meist die schrecklichen Auswirkungen eines solchen Klonens beschrieben wurden. Anders gesagt, was bei den Fröschen nur mühsam gelang, wurde von vielen ohne Zögern auf die Menschen übertragen. Aber die seit fünfzehn Jahren durchgeführten Versuche haben gezeigt, daß derartige Übungen nicht immer gelingen. Daß sie sich nicht bei allen Organismen und insbesondere nicht bei Säugetieren anwenden lassen. Viele haben es bei der Maus versucht. Bis jetzt ist hier noch niemandem das Klonen gelungen. Sobald die befruchtete Eizelle sich zweimal geteilt hat und der Embryo aus vier Zellen besteht, ist der Kern dieser Zellen nicht mehr fähig, die Entwicklung eines Embryos zu gewährleisten.

Und die Zellkerne eines ausgewachsenen Organismus sind dazu erst recht nicht imstande. Beim Schaf dagegen haben schottische Forscher vor kurzem die Geburt von Lämmern bekanntgegeben, die erzeugt worden sind, indem in die entkernte Eizelle eines Mutterschafs der Kern einer Zelle aus der Brust eines anderen Schafs eingesetzt worden war. Man versteht noch nicht, warum das Schaf zu etwas in der Lage ist, was die Maus gegenwärtig noch nicht vermag. Es läßt sich unmöglich sagen, ob es eines Tages gelingen wird, nach Belieben Albert Einsteins oder Ava Gardners zu erzeugen. Zu diesem Thema kann weiterhin jeder den eigenen Phantasien nachgehen.

Wenn es schwierig ist, die Zukunft vorauszusagen, so ist es doch manchmal ebenso schwierig, die Vergangenheit zu rekonstruieren. Die Antwort des wissenschaftlichen Denkens auf die alte Frage: Woher kommen wir? ist zugleich raffinierter und komplizierter geworden. Das ganze Universum und die lebenden und nicht-lebenden Objekte, die es enthält, werden als Produkte von Entwicklungsprozessen betrachtet, in die zweierlei Faktoren eingreifen: einerseits die Zwänge, die die Spielregeln bestimmen und die Grenzen des Möglichen abstecken, und andererseits die Umstände, die den wirklichen Ablauf der Ereignisse beherrschen, also die Geschichte, die erzählt, wie das Spiel tatsächlich abgelaufen ist. Die Zwänge lassen sich meistens formalisieren; alles, was ihnen unterliegt, kann daher mit einer großen Wahrscheinlichkeit vorausgesagt werden. Der historische Anteil dagegen kann nur erkannt, manchmal erklärt werden. Aber natürlich können wir nicht die Abfolge der Ereignisse vorhersehen, aus denen morgen die Geschichte bestehen wird. Dieser Aspekt der Kräfte, die unsere Welt gestalten, ist völlig kontingent.

Der relative Anteil der Zwänge einerseits und der Geschichte

andererseits variiert je nach Bereich. So war die Geschichte in der
Welt der Physik lange nicht vertreten. Keine der Gleichungen
der klassischen Physik enthält die Zeit als Parameter. Diese galt
als reversibel, da in einem unwandelbaren Universum Vergangenheit und Zukunft sich in nichts unterscheiden. Erst zu Beginn dieses Jahrhunderts ist die Zeit in die Physik eingedrungen.
Mit der neuen Kosmologie haben nun auch Universum, Galaxien, Sterne, Elemente und Elementarteilchen eine Geschichte
erhalten.

Nur wenige Schriftsteller dürften soviel Phantasie aufbringen
wie die Physiker, wenn diese die Geschichte des Universums erzählen. Durch Berechnungen gelangen sie zu einer Realität, deren mathematische Evidenz sich allen sinnlichen Gewißheiten
widersetzt. Die Entstehung unseres Universums vor zwölf bis
fünfzehn Milliarden Jahren wird als Folge von Energieschwankungen im anfänglichen Vakuum vorgestellt, aus dem sich ein
besonderes Vakuum gebildet hat, das zwar keine Materie ent-
hielt, aber mit Energie angefüllt war. Diese Situation hat dann zu
einer heftigen Explosion geführt, dem berühmten Urknall. Solche Energieschwankungen sind sehr selten, aber es wird nicht
ausgeschlossen, daß vergleichbare Ereignisse zu anderen Zeiten
in anderen Regionen des Raums aufgetreten sind und zur Entstehung anderer Universen geführt haben. Nach diesen Theorien
wäre also unser Universum nicht das einzige. Es wäre nicht Zentrum und Schauplatz von allem, was in der Welt geschieht. Sein
Beginn wäre vielleicht nicht der Anfang von allem.

Eine tausendmilliardste Sekunde nach der großen Explosion,
als die Temperatur des Universums auf eine Million Milliarden
Grad »gesunken« war, sind Teilchen und Antiteilchen mit
großer Geschwindigkeit entstanden und wieder vernichtet worden. Mit der Ausdehnung und Erkaltung des Universums hat

sich dann die Entstehung stärker verlangsamt als die Vernichtung. Fast alle Partikel waren verschwunden. Und hätte es nicht
einen geringfügigen Überschuß der Elektronen über die Anti-
elektronen und der Quarks über die Antiquarks gegeben, so würden die gewöhnlichen Elementarteilchen, die die Grundlage der
Materie bilden, heute im Universum fehlen. Dieser geringfügige
Überschuß der Materie über die Antimaterie – er wird auf ein
Zehnmilliardstel geschätzt –, hat lange genug angehalten, um
drei Minuten später die leichten Atomkerne zu bilden; nach einer Million Jahren dann die Atome; sehr viel später die schweren
Elemente in den Sternen; und schließlich die Stoffe, aus denen
die lebende Welt hervorgegangen ist. Hätte es nicht dieses Zehnmilliardstel Überschuß der Teilchen über die Antiteilchen gegeben, so würde unser Universum nicht existieren, oder zumindest
nicht in der uns bekannten Form.

Was die Erde angeht, so gilt ihre Entstehung als Nebeneffekt
der Energiebildung in den Sternen und aufeinanderfolgender
Wellen des Entstehens und Verschwindens von Sternen in unserer Galaxie. Man geht heute davon aus, daß die Erde vor vierein-
halb Milliarden Jahren durch Aggregation entstanden ist: Das
hieße, der kosmische Staub hätte sich zu einer körnigen Struktur
zusammengeballt, diese zu Kies, dann zu kleinen Steinen, diese
wären zu großen Steinen geworden, zu kleinen Planeten, und
schließlich hätte der Staub die Größe des Mondes, dann der Erde
erreicht. Ein überraschendes Szenario. Diese Erde, mit ihren
Ozeanen, Kontinenten und Bergen, auf der wir uns entwickeln,
auf der Myriaden und Myriaden von Lebewesen leben, diese Erde
hätte sich durch die fortschreitende Zusammenballung von
Staub gebildet, Staub, der vom Himmel kam! Ganz zu schweigen von den für das Leben erforderlichen Bedingungen, die es auf
anderen Planeten wie Mars und Venus nicht gibt: das Wasser, die

Entfernung zur Sonne, durch die es gerade nicht zu kalt und
nicht zu warm ist etc. Wie viele Tausende völlig voneinander un-
abhängiger Ereignisse, von denen jedes einzelne auch nicht hätte eintreten können, haben in einer gewissen Reihenfolge stattfinden müssen, damit das Universum, unsere Galaxie, unser
Sonnensystem und die Erde entstehen konnten? Bei diesem
ganzen geschichtlichen Anteil kann die Wissenschaft im nachhinein erklären, wie dieses oder jenes Ereignis eingetreten ist. In
keinem Fall kann sie es voraussagen.

Auch die Biologen müssen all ihre Phantasie aufbieten, wenn
sie den Ursprung des Lebens schildern wollen. In der lebenden
Welt und ihrer Entwicklung ist selbstverständlich der Anteil der
Geschichte der wichtigste. Das Leben scheint recht schnell aufgetreten zu sein, wahrscheinlich weniger als eine Milliarde Jahre
nach Entstehung der Erde, in Form von etwas, das man ein »Protobakterium« nennen könnte. Wer Leben sagt, sagt Fortpflanzung. Aber der Fortpflanzungsapparat, wie man ihn heute beim
einfachsten Organismus, bei der unscheinbarsten Bakterie beobachtet, erweist sich schon als ungeheuer kompliziert. Die bloße
Verdoppelung der DNA bringt eine große Anzahl von Proteinen
ins Spiel, deren Synthese in jedem einzelnen Fall eine noch
beträchtlichere Anzahl verschiedenartigster Makromoleküle erfordert. Es ist demnach ausgeschlossen, daß ein solches System
gewissermaßen fix und fertig vom Himmel gefallen ist. Daher ist
es notwendig, sich mehr oder weniger plausible Szenarien auszu-
denken, wie diese Komplexität schrittweise aufgebaut werden
konnte. In dem Szenario, das seit einigen Jahren besonders be-
liebt ist, wäre der lebenden Welt, wie wir sie kennen und die von
der DNA beherrscht wird, eine Welt vorausgegangen, in der die
RNA sowohl für die Replikation wie für die Katalyse zuständig
war. Es versteht sich von selbst, daß der Aufbau dieser RNA-

Welt und der Übergang zu einer DNA-Welt eine beträchtliche
Anzahl von Etappen umfaßt, von denen jede unwahrscheinlicher
ist als die andere. Im übrigen erlauben die meisten der in solchen
Szenarien enthaltenen Hypothesen weder eine Rekonstruktion
noch eine experimentelle Überprüfung. Mit anderen Worten,
wenn es auch klar zu sein scheint, daß Menschen, Tiere, Pflanzen,
Pilze, Mikroben, kurz, daß wir Lebewesen alle von irgendeinem
anfänglichen Protobakterium abstammen, so sind wir doch noch
weit davon entfernt, das wirkliche Gesicht unseres gemeinsamen
Vorfahren zu kennen.

Ähnlich wie durch die Evolutionstheorie ist auch durch die
moderne Kosmogonie die Vorstellung eines unveränderlichen
Universums und einer reversiblen Zeit ersetzt worden durch die
eines in fortwährender Umbildung begriffenen und der Geschichte ausgelieferten Universums. Wie das Leben hat auch das
Universum einen Anfang. Wie dieses kennt es ein Werden. Doch
unsere Sinne und unser Gehirn sind im Evolutionsprozeß nicht
ausgewählt worden, um die Eigenschaften des Elektrons wahrzunehmen oder die Entfernungen zwischen Galaxien oder kosmo-
logische Zeiträume, sondern um mit der uns umgebenden Welt
umzugehen, das heißt mit Gegenständen, Räumen und Zeiträu-
men, die menschlichen Maßstäben entsprechen. Wenn wir uns
vorstellen wollen, was es vor uns gab oder nach uns geben wird,
müssen wir uns selbst überlisten. Und es ist keineswegs sicher,
daß uns je die Rekonstruktion dessen gelingen wird, was sich
wirklich abgespielt hat. Wie Claude Lévi-Strauss mit offensicht-
licher Genugtuung betont hat[8], sind die Erzählungen, die uns
die Wissenschaft inzwischen erzählt, ebenso weit vom *Common
sense* entfernt wie die vom mythischen Denken ersonnenen. Be-

---

8 Claude Lévi-Strauss, *Die Luchsgeschichte: Zwillingsmythologie in der neuen Welt*,
München 1993, S.11.

trachtet man den Ursprung des Lebens, so sind in der Tat
während eines Zeitraums von ungefähr acht- oder neunhundert
Millionen Jahren Tausende von jeweils höchst unwahrscheinli-
chen Ereignissen erforderlich gewesen, um den Übergang von einer Erde ohne Leben zu einer RNA-Welt, dann einer DNA-Welt
zu ermöglichen. Ganz offensichtlich ist eine solche Geschichte
für Nichteingeweihte ebenso schwer zu akzeptieren wie die
Schöpfungsgeschichte in Hesiods Theogonie, in den Upanisha-
den oder in der Bibel. Und die mythologischen Erzählungen
scheinen dem *Common sense* immer noch näher zu stehen als die
Diskurse der Biochemiker und Molekularbiologen.

Angesichts der Schwierigkeiten eines wohl noch lange seiner
Lösung harrenden Problems greifen letztere auf drei mögliche
Lösungen zurück. Die einen, und darunter nicht die Geringsten,
halten das Auftreten von Leben auf der Erde für so unwahrscheinlich, daß sie halb spielerisch, halb ernsthaft eine Art Pan-
spermie zur Erklärung heranziehen. An Bord eines Raumschiffes
von einem fernen Planeten mit einer entwickelteren Zivilisation
als der unsrigen wären Keime von Leben auf die Erde gelangt!
Womit das Problem selbstverständlich nur um eine Stufe verschoben wird. Diese Ansicht wird nur sehr selten vertreten.

Andere gehen davon aus, daß das Erscheinen des Lebens auf der
Erde so unwahrscheinlich war, daß es sich gewiß nur ein einziges
Mal ereignen konnte. Es resultiert aus einer Folge von Ereignis-
sen, von denen jedes sich ebensogut nicht hätte einstellen kön-
nen, so daß es auch niemals Leben auf der Erde gegeben hätte.
Wissenschaftler, die diese Ansicht vertreten, glauben meistens
auch, daß es wahrscheinlich kein anderes bewußtes Leben im
Weltall gibt.

Eine dritte Gruppe von Wissenschaftlern schließlich zeigt
eine ganz andere Einstellung. Sie gehen davon aus, daß alle

Etappen bei der Entstehung einer RNA-Welt und dann beim Übergang zu einer DNA-Welt aus gewöhnlichen chemischen Reaktionen bestehen. Wenn diesen Reaktionen nur ausreichend Gelegenheit, das heißt Zeit gegeben wird, müssen sie zwangsläufig auftreten. Demnach kam das Leben gar nicht umhin, sich auf der Erde zu bilden. Da die Anhänger dieser These im übrigen empfänglich für das Argument der Astrophysiker sind, wonach das Universum eine große Anzahl von Planeten mit vergleichbaren Eigenschaften wie die Erde enthält, gehen sie davon aus, daß es im Universum eine große Anzahl von Orten geben muß, wo Leben und wahrscheinlich sogar bewußtes Leben beheimatet ist.

Beim gegenwärtigen Stand des Wissens ist die Wahl zwischen den beiden letztgenannten Optionen vor allem eine Frage des Geschmacks. Die einen kultivieren die Vorstellung, daß das Leben die Ausnahme und auf die Erde beschränkt ist; sie glauben dementsprechend auch an die Einzigartigkeit des menschlichen Bewußtseins mit seiner Fähigkeit, über das Universum und seine möglichen Bewohner nachzudenken. Die anderen ziehen es dagegen vor, an die Banalität des Lebens zu glauben: Für sie können seine Eigenschaften auf anderen Planeten nicht sehr verschieden von den auf der Erde beobachteten sein. Außerdem sind sie überzeugt, daß wenn das Leben einmal angefangen hat, es zwangsläufig zum Bewußtsein führen muß; und so suchen sie nach Möglichkeiten der Kommunikation mit anderen Zivilisationen, die ihrer Ansicht nach andere Regionen des Universums bewohnen.

Bis jetzt ist jedenfalls noch keine Spur eines Signals aus der Galaxis oder aus dem Raum jenseits davon aufgefangen worden. Kürzlich wurde die Aufmerksamkeit auf einen Meteoriten gelenkt, der *möglicherweise* vom Planeten Mars stammt und *mögli-*

cherweise eine Struktur enthält, die an die ältesten auf der Erde
gefundenen lebenden Strukturen erinnert. Die Argumente, die
hierfür vorgebracht werden, klingen allerdings nicht sehr über-
zeugend. Diese Angelegenheit scheint vor allem zur Öffentlichkeitsarbeit der NASA zu gehören und im Zusammenhang mit
ihren nächsten Raumflügen zum Mars zu stehen. Unser gesamtes
Wissen von den unterschiedlichsten auf unserer Erde lebenden
Organismen zeigt, daß sie höchstwahrscheinlich alle von ein und
demselben Vorfahren abstammen. Demnach scheint das Leben
wohl nur ein einziges Mal, und zwar auf unserer Erde aufgetreten
zu sein; es scheint aus einer Reihe von Ereignissen hervorgegangen zu sein, von denen jedes einzelne höchst unwahrscheinlich ist; und wären manche dieser Ereignisse ausgeblieben,
würde es das Leben, wie wir es kennen, nicht geben.

Wenn ich morgens zum Institut Pasteur gehe, durchquere ich
den Jardin du Luxembourg. Jedes Jahr empfinde ich an einem
Frühlingstag beim Eintreten in den Garten den gleichen Schock,
die gleiche Verblüffung. Jedes Jahr ist es das gleiche Entzücken
angesichts der aufbrechenden und aufspringenden Knospen; angesichts dieser ersten Ansätze zu Blättern, dieses grünen Spit-
zensaums, der die Äste schmückt und im sanften Wind bebt, als
fürchtete das aufkeimende Grün, sein Ziel zu verfehlen. Das Erstaunliche ist jedoch, daß es dies nie verfehlt. Denn wieder einmal funktioniert das System. Wieder einmal werden die Tage
länger, kehren Licht und Wärme zurück. Wieder einmal werden
sich Blätter bilden, dann Blüten und Samen. Tiere und Pflanzen
werden vor Leben und Wachstum strotzen. Nicht das geringste
Versagen, nicht der geringste Ausfall. Das Programm läuft un-
abänderlich ab. Gleichgültig gegenüber den Geschäften der
Menschen dreht sich die große Maschine des Universums wei-

ter – reibungslos, unerbittlich. Mehr als das Meer und seine Stürme, mehr als die Berge und ihre Gletscher oder das Himmelsgewölbe und seine Galaxien vermittelt mir die Wiederkehr dieses kleinen grünen Schauders, der die Bäume durchläuft und uns eines Frühlingsmorgens überrascht, mit der Macht der Gewißheit den Eindruck, dem großartigen Schauspiel beizuwohnen, das sich seit ungefähr zwölf Milliarden Jahren auf der riesigen Bühne des Universums abspielt.

Die Physiker können die Entstehung der Materie und die Wirkungsweise der sie regierenden Kräfte erklären. Ich habe jedoch noch nicht verstanden, ob sie sich eine mit anderen Eigenschaften ausgestattete Natur vorstellen können. Ob zu der Mischung aus Zwängen und Geschichte, aus der sich das Universum gebildet hat, allein die Geschichte ein Element der Kontingenz beisteuert. Oder ob nicht anfangs die Zwänge, also das, was man die Naturgesetze nennt, ebenfalls zufällig entstanden sein können.

Als Kind glaubte ich felsenfest an Märchen. Für mich beschrieben sie einen bestimmten Aspekt der Welt, der ebenso wirklich war wie das Schauspiel, das sich auf der Straße oder auf dem Land bot. Menschenfresser und Riesen, von denen jeder wußte, daß sie kleine Kinder verschlingen, schienen mir kaum verschieden von gewissen Individuen, denen man in Parks über den Weg lief und vor denen man mir riet, mich in Acht zu nehmen. Die Verwandlung eines Frosches in einen Prinzen im *Froschkönig* erschien mir nicht außergewöhnlicher als die Kartenkunststücke, die mein Vater vorführte, wenn er guter Stimmung war. Nichts von alldem warf für mich irgendwelche Fragen auf. So war die Welt. So waren die Dinge nun einmal.

Es ist immer noch das gleiche Empfinden, das mich in jedem Frühling angesichts der Wiedergeburt der Blätter erfaßt. Mit der

Zeit haben sich manche meiner Überzeugungen geändert. Mein
Vertrauen in die Macht der Feen oder die Kräfte der Menschenfresser ist ein wenig schwächer geworden. Doch angesichts dieser
Blättergirlanden, die jedes Jahr so zuverlässig wieder auftauchen,
empfinde ich mit Macht, wie die uns umgebende Welt ein Ge-
schenk ist. Anders gesagt, wenn in der Reihe der Ereignisse, denen Elemente, Galaxien, Sterne und Erde ihre Existenz verdanken, manche sich nicht ereignet hätten oder nicht im richtigen
Moment, gäbe es womöglich keine Blätter an den Bäumen, vielleicht auch keine Bäume, vielleicht noch nicht einmal eine lebende Welt. Wie sollte man da in unserer Welt und ihrer Funktionsweise nicht eine Willkür, ja sogar eine Laune am Werk
sehen? So sind die Dinge nun einmal. Vor allem in der lebenden
Welt. Angesichts gewisser bizarrer Merkwürdigkeiten wie dem
Altern und dem Tod – muß man da nicht erstaunt sein? Welche
Notwendigkeit kann darin liegen, daß die Bäume Blätter tragen,
die bei vielen im Herbst abfallen, um dann jeden Frühling wieder neu zu sprießen? Oder daß die Tiere vier Beine haben? Oder
daß die Lebewesen sich fortpflanzen müssen? Und daß die meisten unter ihnen sich zu zweit zusammentun müssen, um ein
drittes hervorzubringen? Und daß von allen Körperfunktionen
die Fortpflanzung als einzige von einem Organ wahrgenommen
wird, von dem ein Individuum immer nur die Hälfte besitzt,
weswegen viel Zeit und Energie auf die Suche nach der anderen
Hälfte verwendet werden muß? Aber die Dinge sind nun einmal
so. Es nützt nichts, sich zu fragen, ob unsere Welt sehr viel anders
hätte ausfallen können. Oder ob sie auch überhaupt nicht hätte
existieren können. Für den Wissenschaftler hat diese Welt eine
einzige Tugend: Sie existiert und funktioniert seit ungefähr zehn
oder zwölf Milliarden Jahren.

In dem Film *Es geschah morgen* von René Clair lernt ein junger Reporter ein Phantom kennen, und es gelingt ihm, dessen Gunst zu gewinnen. Jeden Tag schickt es ihm die Zeitung vom morgigen Tag. Daraus zieht der junge Reporter eine unvergleichliche Macht. Er weiß, was der nächste Tag bringen wird. Er kennt die Ereignisse, die Gefahren, die Pläne, die Ergebnisse der Pferderennen, die Kurse an der Börse; kurz, ihm gelingen alle Vorhaben, auch in seinem Liebesleben. Bis zu jenem Tag, an dem er in der Zeitung lesen muß, daß er selbst am nächsten Tag sterben wird. Kopflos flieht der Reporter, um seinem Schicksal zu entkommen. Aber was er auch tut, er kann ihm nicht entweichen. Zur vorgesehenen Stunde findet er sich am vorgesehenen Ort seines Todes ein. Und wenn der Film trotz allem ein gutes Ende nimmt, so nur deshalb, weil in den Zeitungen manchmal auch Falschmeldungen stehen.

KAPITEL II
DIE FLIEGE

»... denn ohne Fliegen keine Fliegenwedel, ohne Fliegenwedel kein Dei von Algier, kein Konsul ... keine
Schmach, die Rache fordert, keine Ölbäume, kein Alge-
rien, keine Hitzewellen, meine Herren, und die Hitzewellen sind im übrigen die Gesundheit der Reisenden ...«

Jacques Prévert, *Der Skandal des Glücks*

B rünn, 7. August 1965. Eine Menschenmenge drängt
sich um die Kathedrale, schiebt sich zu den Portalen,
die von der Polizei unnachsichtig bewacht werden.
Zum ersten Mal seit zwanzig Jahren soll hier eine Messe gefeiert
werden. Aber trotz ihres Hungers nach Religion darf die Bevölkerung der Stadt nicht daran teilnehmen. Die Feierlichkeit ist
von der Akademie der Wissenschaften der Tscheschoslowaki-
schen Sozialistischen Republik zu einem außergewöhnlichen
Anlaß organisiert worden: dem hundertsten Jahrestag der ersten
Abhandlung des Mönches Gregor Mendel zur Vererbung der
Erbse. Gleichzeitig sollen hier einer der großen Männer der
tschechischen Wissenschaft und die Geburtsstunde der Genetik
gefeiert werden.

Die tschechische Akademie hat Genetiker aus aller Welt zu einem Kolloquium eingeladen, auf dem sowohl die Rolle Mendels
als auch die Entwicklungen der Genetik in der ersten Hälfte dieses Jahrhunderts diskutiert werden sollen. Da Mendel ein Mann
der Kirche war, da er selbst an diesem Ort die Messe zelebriert
hat, hat sich die tschechische Akademie nach langem Zögern
entschlossen, dieses Kolloquium mit einem feierlichen Hochamt

zum Gedächtnis ihres Helden abzuschließen. Die Teilnahme an
der Messe ist ausschließlich den Teilnehmern des Kolloquiums
vorbehalten. Im Innern der Kirche ergibt sich ein ungewöhnli-
ches Schauspiel. Auf der einen Seite des Kirchenschiffs sitzen an
die hundert amerikanische Genetiker, erfreut über die Gelegenheit, doch verwundert, sich an diesem Ort in einem kommunistischen Land wiederzufinden. Auf der anderen Seite: an die
hundert russische Genetiker, mit verschlossenen Mienen und ge-
kreuzten Armen, erstaunt, sich in einer Messe wiederzufinden.
Und überall verstreut an die hundert europäische und tschecho-
slowakische Wissenschaftler, verlegen über ihre Situation zwischen den beiden Blöcken. Alle erheben sich gemeinsam, als unter dem Gewölbe die Trompeten erschallen und eine Kantate von
Bach begleiten, während der Bischof von Brünn und sein Gefolge langsam auf dem Mittelgang voranschreiten.

Der Prager Frühling ist tatsächlich angebrochen.

Im Verlauf dieses Jahrhunderts wurde die Genetik immer wieder
in die Politik hineingezogen. In jedem beliebigen Land wäre ein
Kolloquium zur Feier des hundertsten Geburtstags dieser Wissenschaft und ihres Gründers eine eher selbstverständliche Sache
gewesen. Zu diesem Zeitpunkt jedoch und in einer Volksdemo-
kratie verhielt es sich anders. Eine solche Zusammenkunft konnte nur stattfinden, nachdem die Genetik rehabilitiert und ihre
prinzipiellen Gegner ausgeschaltet worden waren. Denn so wie
einst die Kirche die Ideen Galileis als unvereinbar mit ihrer Lehre verurteilt hatte, hatten die Kommunisten die Genetik verboten, weil sie als unvereinbar mit den Prinzipien des Marxismus
galt.

Ende der zwanziger Jahre hatte die Ächtung begonnen. Im
Namen der Dialektik behaupteten die kommunistischen Neo-

Lamarckisten die Erblichkeit erworbener Eigenschaften und
griffen die russischen Genetiker an; dazu boten sie keine wissenschaftlichen Argumente auf, sondern die Schriften von Engels.
Der Held der Angelegenheit war ein Agraringenieur, Trofim
Lyssenko. Anfang der dreißiger Jahre hatte er Bekanntheit erlangt, weil er seiner sogenannten »Entdeckung« einen sensationellen Charakter zu verleihen gewußt hatte; er hatte Verfahrensweisen entwickelt, mit denen sich im Sommer ausgesätes
Getreide im Winter ernten ließ. Diese Praktiken waren in Wirklichkeit nicht sehr originell und wurden bald wieder aufgegeben.
Gestützt auf die von ihm als großer Erfolg gewerteten Resultate,
hatte Lyssenko jedoch beschlossen, daß sie von der Genetik nicht
erklärt werden konnten. Ohne viel Federlesens hatte er sich seine
eigene Theorie zusammengebraut. Es war eine Gelegenheits-
theorie, die auf der Vererbung erworbener Eigenschaften beruh-
te und experimentell nicht abgesichert war. Dann blies er zum
Angriff gegen die bis dahin brillante sowjetische Schule der Genetik. Der Scharlatan war zugleich ein Paranoiker.

Liest man die Auslassungen Lyssenkos, so zeigen Stil und
Inhalt ganz augenfällig seine völlige Inkompetenz; seine Er-
klärungen verraten nicht nur eine Unkenntnis der elementarsten
biologischen Tatsachen, sondern auch der wissenschaftlichen
Vorgehensweise. Wie Jacques Monod gezeigt hat[1], erinnern sie
an jene auf eigene Kosten gedruckten Büchlein, in denen Auto-
didakten das Geheimnis des Lebens oder eine Heilmethode für
Krebs enthüllen und ihren Unmut darüber äußern, daß sie von
der »offiziellen Wissenschaft« ignoriert werden. Am verstörend-
sten im Falle Lyssenkos ist jedoch – und darin zeigt sich seine Ge-
schicklichkeit –, daß es ihm gelungen war, die Unterstützung

---

1 Jacques Monod, Vorwort zu: Jaurès Medvedev, *Grandeur et chute de Lyssenko*, Paris
1971.

von Stalin zu gewinnen, und damit auch von allen sowjetischen
Autoritäten, von Staat, Partei, Justiz und Presse. Dadurch trug er
einen vollständigen Sieg über seine Gegner davon. Lehre und
Praxis der Genetik wurden verboten. Wer sich weigerte, seinen
Theorien zuzustimmen, wurde nach Sibirien verbannt – viele kamen nie zurück. Was für die Sowjetunion galt, galt selbstverständlich auch für die anderen Länder in ihrem Herrschaftsbe-
reich. Die Genetik wurde in allen Volksdemokratien verboten.
In Budapest trug die gesamte Fakultät unter Leitung des Rektors
feierlich und im Sonntagsstaat die für Forschung und Lehre verwendeten Drosophila-Sammlungen zu den Latrinen. In Brünn
wurde die Statue des »Mönches Mendel« vom Sockel gestürzt.
Sogar die für die Experimente Mendels benutzten Erbsenstauden
wurden aus dem Klostergarten gerissen. Die Devise lautete:
nicht widerlegen, sondern zerstören!

Am erstaunlichsten sind aber die von Lyssenko und seinen An-
hängern vorgebrachten Argumente. In seiner Auseinanderset-
zung mit den sowjetischen Genetikern berücksichtigte er nie die
Erkenntnisse der Experimentalwissenschaft, nicht die unzähligen Versuchsergebnisse zur Vererbung bei Pflanzen und Tieren,
die mittels der genetischen Analyse seit nahezu dreißig Jahren in
verschiedenen Ländern zusammengetragen worden waren. Auch
die überraschenden Erfolge in der Landwirtschaft, deren er sich
rühmte, wurden von wirklichen Biologen angefochten und
rechtfertigten keineswegs seine Schmähschriften gegen die
Chromosomen. Wenn Lyssenko von Biologie sprach, war seine
Rede so nichtssagend, ja so lächerlich, daß er noch den geringsten Kredit sofort zerstörte, den man seinen landwirtschaftlichen
Ambitionen vielleicht zugestanden hätte. Das berichtete Boris
Ephrussi, der erste Genetikprofessor in Frankreich. Er stammte
aus Rußland und hatte Gelegenheit gehabt, lange mit Lyssenko

zu diskutieren; er beschrieb ihn als starrköpfigen Mann, der ungerührt die größten Ungeheuerlichkeiten von sich gab wie: es gibt zwei Arten von Glukose, pflanzliche und tierische! oder: die Aminosäuren dienen vor allem dem osmotischen Gleichgewicht der Zellen! oder: der Zellkern erhält seine Eigenschaften vom Zytoplasma! Alles Behauptungen, für die es nicht die Spur eines Beweises gibt.

Für Lyssenko und seine Anhänger war der Begriff der Spezies nichts als eine bürgerliche Vorstellung. Sie zögerten nicht, für Experimente die Werbetrommel zu rühren, in denen es ihnen angeblich gelungen war, eine Spezies in eine andere umzuwandeln: Weizen in Roggen, Hafer in Gerste, Kohl in Rüben, dann in Tannen. Diese Operationen wurden als Zeugnisse für den Erfolg einer fortschrittlichen Wissenschaft gewertet. Für Lyssenko war jedoch die wirkliche Debatte nicht wissenschaftlicher, sondern ideologischer Natur. Das von ihm unablässig gegen die Genetik vorgebrachte Argument war ihre Unvereinbarkeit mit dem dialektischen Materialismus. Hier lag für ihn der wirkliche Streitpunkt, der Kern des Problems, das einzige Terrain, auf dem er sich der Unterstützung Stalins und des gesamten sowjetischen Machtapparats sicher sein konnte. Hier, und nur hier hatte er eine Chance zu gewinnen, seine Ideen durchzusetzen und seine Gegner zu vernichten. Und Lyssenko hatte ja tatsächlich recht. Von welchem Ende her man es auch angeht, ob man es hier oder dort versucht, die Genetik läßt sich unmöglich an die Dialektik anbinden. Mit Engels' Dialektik der Natur ist die Gentheorie einfach nicht vereinbar. Ebensowenig die von Lyssenko gleichfalls zurückgewiesene darwinistische Evolutionstheorie, die Selektionstheorie der Evolution. Allein mit der Erblichkeit erworbener Eigenschaften, deren Gültigkeit er bewiesen zu haben glaubte, ließ sich die Natur dauerhaft verändern; sie allein war demnach für ihn mit der marxistischen Lehre in Einklang zu bringen. Für Stalin war die Sache damit klar.

Man kann es noch verstehen, daß die russischen Biologen unter dem Druck des ideologischen Terrors und der Polizeidiktatur gezwungen waren, nachzugeben und sich den Thesen Lyssenkos anzuschließen; aber bei denen, die im Westen dieses widersprüchliche Lügengewebe mit übertriebenem Enthusiasmus unterstützten, weiß man nicht mehr, was man sagen soll. Denn sie waren keinem Zwang ausgesetzt und mußten nicht um Leben, Freiheit und Lebensunterhalt fürchten. Wie könnte man die Delirien gewisser Zeitungen und linker Intellektueller vergessen, die von Leidenschaft geblendet und eingeschnürt in ihre Ideologie alle Vernunft aufgaben und sich zur schlimmsten Abhängigkeit ihres Denkens hinreißen ließen? Woher dieses plötzliche Interesse an der Biologie bei Menschen, die bislang die Wissenschaft stolz ignoriert oder gar verachtet hatten – überzeugt, wie sie waren, von der unbestreitbaren Überlegenheit der Kultur über die Natur?

Auf mich hatte die Lyssenko-Affäre die gegenteilige Wirkung. Als ich unmittelbar nach dem Krieg in Erscheinung zu treten begann, befand sie sich gerade auf ihrem Höhepunkt. Sie trug dazu bei, mich zur Wissenschaft hinzulenken, genauer gesagt, zur Genetik. Verwundert hatte ich feststellen müssen, daß mitten im 20. Jahrhundert ein Scharlatan die Unterstützung des Machtapparats in seinem Land erhalten konnte, um sowohl eine unsinnige »wissenschaftliche« Theorie als auch eine katastrophale landwirtschaftliche Praxis durchzusetzen. Einem skrupellosen Menschen war es möglich, eine Wissenschaft mit voller Wucht anzugreifen, um sie zu zerstören – und zwar eine der am gründlichsten abgesicherten Wissenschaften. Nichts hinderte eine politische Diktatur daran, Wissenschaftler anzuklagen, im Dienste reaktionärer Politik »bürgerliche« Wissenschaft zu betreiben, und sie deshalb einzusperren. Und vielleicht mit noch mehr Bestürzung hatte ich entdeckt, daß Menschen, die so frei waren wie unsere Intellektuellen, sich hinter Aragon[2] scharen und sich in ihrer ideologischen Ergriffenheit dermaßen erniedrigen konnten. Mich für die Genetik zu entscheiden, bedeutete daher für mich auch die Weigerung, Intoleranz und Fanatismus an die Stelle der Vernunft zu setzen.

Lyssenko blieb lange im Amt. Lange genug, um Biologie und Landwirtschaft seines Landes zu zerstören, die sich davon noch immer nicht ganz erholt haben. Er überlebte Stalin. Unter den Angriffen der sowjetischen Physiker verschwand er schließlich Anfang der sechziger Jahre von der Bildfläche. Aufgrund der Atomforschung hatten die Physiker nämlich im Unterschied zu ihren Kollegen von der biologischen Fakultät die Möglichkeit, zu reisen und an Kolloquien im Ausland teilzunehmen. Den westlichen Physikern waren die Anfänge der Molekularbiologie selbstverständlich nicht entgangen; einige von ihnen hatten dabei sogar eine Hauptrolle gespielt. Im Kontakt mit ihnen wurde den russischen Physikern schnell klar, wie unsinnig und schädlich Lyssenkos Position war. Davon konnten sie schließlich auch die sowjetischen Autoritäten überzeugen. Nach einigem Hin und Her wurde Lyssenko schließlich seiner Titel und seiner Macht enthoben. In Brünn wurde die Statue Mendels wieder auf ihren Sockel gestellt, im Klostergarten wurden neue Erbsen angepflanzt. Das Kolloquium zur Hundertjahrfeier konnte stattfinden.

---

2 Der Schriftsteller Louis Aragon trat 1930 der Kommunistischen Partei Frankreichs bei. (Anm. d. Übers.)

Nach der Erbse hat sich die Genetik mit der Fliege beschäftigt.
Diese ist nicht allein das bevorzugte Forschungsobjekt der Genetiker. Auch sonst ist sie zu allem möglichen zu gebrauchen:
nicht nur zum Angeln, sondern auch zum Schmuck von Hemd-
kragen, um sich aus dem Staub zu machen oder gar um gleich
zwei davon mit einer Klappe zu schlagen. Und vor allem zur Un-
terhaltung der Kinder.

Ein Schulfreund auf dem Gymnasium hat mich in die Freuden
der Fliege eingeführt. Einer meiner Mitschüler in der neunten
Klasse bot einen besonders unglücklichen Anblick. Bleich, mit
eingefallenen Wangen, X-Beinen und in zu engen Kleidern, er-
weckte Antoine auf den ersten Blick Mitleid. Seit frühester Kind-
heit war er Waise und lebte bei einer Tante, die nach seinen Erzählungen eine wahre Megäre war. Voller Gehässigkeit und Strenge,
peitschte sie ihn mit einem Gürtel, wenn er eine für ihre Begriffe
ungenügende Note erhielt oder eine freche Antwort gab. An-
toines Beschreibungen seiner Tante verursachten mir Alpträume.

Es gab einen Trost für Antoine, und das waren die Fliegen. Wir
waren gute Freunde geworden. Er hatte Vertrauen zu mir gefaßt.
In der Pause nahm er mich oft beiseite, um mir in einer Ecke des
Schulhofs seine Fliegen zu zeigen. Dann zog er einen Fliegen-
käfig aus der Tasche, den er sich aus zwei von einem Flaschenkor-
ken abgeschnittenen Korkscheiben gebastelt hatte; sie wurden
von einer Reihe von Nähnadeln zusammengehalten, gleichsam
den Gitterstäben. Im Käfig waren einige abgezehrte Fliegen zu
sehen, die von Gitterstab zu Gitterstab krabbelten.

An manchen Tagen, die von ihm als außergewöhnlich angesehen wurden, machte sich Antoine an das sogenannte »große
Spiel«. Er entfernte eine Nadel und versuchte, mit seinen mage-
ren Dreckfingern eine Fliege zu fangen. »Wir werden versuchen
zu verstehen, wie das funktioniert, eine Fliege«, sagte er. Zu

diesem Zweck machte er sich daran, die Fliege »auseinanderzu-
nehmen«. Beinchen um Beinchen riß er mit einem festen Ruck
wie Haare aus. Übrig blieb der Körper der Fliege mit den Flügeln. Bei diesen ging er anders vor. Er zog sie ganz sanft ab, um
sie, wie er sagte, »herauszunehmen«, ohne sie zu zerreißen.
Anschließend hätte er das »System« gerne wieder »zusammen-
gebaut« und jedes Teil wieder an seiner Stelle eingesetzt. Aber
damit hatte er kein Glück. Alles, was wir tun konnten, war, den
Todeskampf der Fliege zu beobachten; das Zittern, das nach und
nach schwächer wurde, bis es zu Ende war.

»Verstehen, wie das funktioniert, eine Fliege«, dies ist der Ehrgeiz der Genetiker das ganze Jahrhundert hindurch gewesen. Es
war ein Amerikaner, Thomas Hunt Morgan, der die Fruchtfliege
als erster in den Rang eines bevorzugten Objekts für die Vererbungsforschung erhoben hatte. Morgan war Embryologe. Die
Erforschung der Embryonalentwicklung hatte sich lange auf die
morphologische Untersuchung beschränkt. Unter dem Mikroskop beobachtete man die Veränderungen der Gestalt des Embryos und die Differenzierung der Zellen für die verschiedenen
Körperregionen. Am Ende des 19. Jahrhunderts wurde mit der
experimentellen Erforschung dieser Phänomene begonnen. Aber
durch die Experimente ließ sich die sogenannte »Entwicklungs-
mechanik« nicht nachvollziehen, das heißt, es ließ sich nicht
klären, durch welche Kräfte eine so wenig organisierte Struktur
wie ein Ei sich in eine so komplexe Organisation wie ein Tier ver-
wandeln konnte. Um diese außergewöhnliche Metamorphose zu
erklären, die jede Verständnismöglichkeit zu übersteigen schien,
wurde daher von manchen Embryologen eine Art Lebenskraft
geltend gemacht, ein nicht den Gesetzen der Physik unterworfe-
nes »Entwicklungsprinzip«. Für Morgan und seinen Freund
E. B. Wilson mußte dagegen in der Vererbung nach der Mecha-

nik gesucht werden, durch die sich aus einem Hühnerei ein Küken bildet, und aus einer menschlichen Eizelle ein menschliches Wesen. Daher die Entscheidung Morgans, als erstes die Vererbung zu erforschen. Er arbeitete zunächst mit Mäusen und Ratten, aber gab es bald auf, denn Säugetiere waren zu kostspielig, zu anfällig für Ansteckungen und reproduzierten sich zu langsam. Morgan wandte sich also der Drosophila zu.

Die Fliege war durch nichts für ein glorreiches Schicksal in der Wissenschaft prädisponiert. Bei Aristoteles findet sich die Erwähnung einer kleinen Mücke, die aus Essigrückständen hervorgeht. Dieses Tier war vermutlich mit der Drosophila verwandt. Anfang des 19. Jahrhunderts wurde die Gattung beschrieben und benannt. Man mag es bedauern, daß der Name Drosophila, das heißt eigentlich »sie mag Flüssigkeiten«, einem anderen vorgezogen wurde, den einige Entomologen verwendeten: *Oenopota*, die Weintrinkerin. Die bekannteste Spezies, *Drosophila melanogaster*, wurde Mitte des vorigen Jahrhunderts beschrieben. Es scheint, daß sie aus den Tropen stammt. Wahrscheinlich wurde sie auf dem Umweg über Bananenimporte in Europa und in den Vereinigten Staaten eingeführt.

Zu Beginn unseres Jahrhunderts tauchte diese kleine Essig- oder Fruchtfliege erstmals in einem Labor auf, und zwar an der Harvard-Universität. Schnell offenbarte sie bemerkenswerte Qualitäten: Sie ist sehr klein und leicht im Labor zu züchten; sie verträgt gut Mutations- und Kreuzungsexperimente; sie reproduziert sich das ganze Jahr hindurch ohne Unterbrechung; alle zwölf Tage gibt es eine neue Generation, also nahezu dreißig Generationen pro Jahr, und jedes Weibchen legt an die tausend Eier; Männchen und Weibchen sind leicht zu unterscheiden; es gibt nur vier Chromosomen. Kurzum, das ideale Tier für die Vererbungsforschung.

Morgan arbeitete damals an der Columbia-Universität in New York. Ein Kollege aus einem Nachbarlabor machte ihn auf die Tugenden der Fruchtfliege aufmerksam. Die ersten Exemplare trafen 1907 im Labor der Columbia-Universität ein, und zwar in den Händen eines Studenten von Morgan. Er selbst begann sich seit dem Sommer 1909 für sie zu interessieren. Sehr bald tauchten in der Zucht einige neue Typen auf. Insbesondere ein Männchen mit weißen statt mit roten Augen wie seine Artgenossen. Dieses Ereignis sollte eine Flut von Forschungsergebnissen nach sich ziehen. Unter der Nachkommenschaft des weißäugigen Exemplars fanden sich wieder Individuen mit weißen Augen. Es handelte sich also um eine Mutation. Aber das Merkmal »weißes Auge« wurde auf eine sehr eigentümliche Weise vererbt. Nur bei einem Teil der Männchen waren die Augen weiß. Die Weibchen dagegen hatten alle rote Augen. Es handelte sich also um ein mit dem Geschlecht verknüpftes »rezessives« Merkmal. Andere Typen von Mutanten tauchten auf, von denen ebenfalls mehrere mit dem Geschlecht zusammenhingen. Die Gene, die diese Merkmale steuerten, lagen also auf dem X-Chromosom. In wenigen Wochen entdeckte Morgan die genetische Rekombination durch Austausch von Bruchstücken zwischen homologen Chromosomen. Er zeigte, daß die Rekombinationshäufigkeit ein Maß für die Entfernung auf dem Chromosom darstellt; er erstellte die Genkarte auf einem Chromosom.

Nun wußte Morgan, daß er mit Hilfe der Fliege die Vererbung entschlüsseln konnte. Er stellte einige brillante Studenten ein – Bridges, Sturtevant und Muller – und brachte sie in einem Labor unter, das von nun an »Fliegenzimmer« genannt wurde. Dort vollbrachten Morgan und seine Gruppe wahre Wunder.

Das Fliegenzimmer war ein ziemlich kleiner Raum, in dem eng gedrängt Tische, Schreibtische, Mikroskope und die Fla-

schen mit der Fliegenzucht untergebracht waren. Hier lebten
rund zehn Forscher, Studenten, Postdoktoranden und Besucher.
Bald sollten aus diesem Zimmer die Ideen wie Feuerwerke aufsteigen, sollte hier Experiment auf Experiment folgen, in einer
nicht abreißenden Kette von Entdeckungen, Diskussionen und
Theorien. Diese Forschung in enger Zusammenarbeit, zu der
sich Morgan und seine Studenten Tag für Tag in einer angeregten
und enthusiastischen Atmosphäre zusammenfanden, in der sich
kritisches Gespür, Großzügigkeit und geistige Offenheit misch-
ten, stellt eine der wenigen großen Legenden in der Geschichte
der Biologie dar. Im Fliegenzimmer herrschte ständiger Austausch. Sobald ein neues Ergebnis, eine neue Idee auftauchte,
wurden sie offen in der Gruppe diskutiert – so daß man oft ver-
gaß, auf wen sie zurückgingen. Die Arbeit konnte dadurch nur
um so schneller voranschreiten.

Hunderttausende Fliegen wurden von Morgan und seiner
Gruppe gezüchtet. Daraus gingen ständig neue Mutanten hervor. In wenigen Jahren wurden die Haupteigenschaften der Vererbung aufgeklärt; sie sollten zu den »Gesetzen« der Genetik
werden. Wie Ernst Mayr[3] betont, sollte Morgan gerade dort einen brillanten Erfolg haben, wo alle anderen Genetiker des vorigen Jahrhunderts und der Jahrhundertwende nicht die richtigen
Antworten gefunden hatten – weil sie nicht die richtigen Fragen
gestellt hatten. Vielleicht weil er sich keine Fragen zur Physiologie und Chemie der Gene stellte, noch über mögliche Ver-
erbungstheorien spekulierte, sondern sich an die Tatsachen hielt.
Auf diesem Weg begründete er die Genetik, die eine Neuinter-
pretation der Mendelschen Vererbung in den Begriffen der Chro-
mosomentheorie darstellt.

3 Ernst Mayr, *Die Entwicklung der biologischen Gedankenwelt: Vielfalt, Evolution und Vererbung*, Heidelberg, New York, Tokio 1984.

Die Aktivität im Fliegenzimmer der Columbia-Universität sollte fast zwanzig Jahre lang anhalten. Von hier aus wird sie sich in die meisten Laboratorien und Universitäten der ganzen Welt ausbreiten, wo sich immer neue Mutanten ansammeln. Nach und nach werden die Gesetze der klassischen Genetik und der Chromosomenmechanik verfeinert. Die von der Genetik in den dreißiger Jahren entwickelte Vorstellung der Gene ist eine von Kugeln, die auf den Chromosomen aufgereiht sind »wie die Perlen einer Halskette«.

Mit der von Morgan und seiner Schule geleisteten Lokalisierung der Gene auf den Chromosomen erschließen sich der Biologie eine ganze Reihe neuer Fragen. Worin besteht die chemische Natur der Gene? In welcher Substanz finden sich die Erbanlagen? Wie reproduzieren sich die Gene? Wie legen sie die Eigenschaften der Zelle und des Organismus fest?

Ein erster Hinweis auf die Funktion der Gene war aus der Medizin gekommen, woraus sich dann später der Begriff der Erbkrankheit entwickeln sollte. 1902 hatte der englische Arzt Archibald Garrod sich genauer für die Alkaptonurie interessiert, eine Krankheit, die sich vor allem in einer schwarzen Färbung des Urins äußert. Für Garrod war diese Krankheit die Folge einer sogenannten »angeborenen Stoffwechselstörung«, das heißt einer angeborenen Mangelerscheinung, die zur Unterbrechung einer für die Bildung des Harnstoffs notwendigen Stoffwechselkette führt.

Um diese Erkenntnis jedoch zu vertiefen, um alle durch die Gene aufgeworfenen Fragen zu beantworten, bildete die Fliege kaum das geeignete Hilfsmittel. Zwar ließen sich die Chromosomen unter dem Mikroskop eingehend betrachten – insbesondere die Riesenchromosomen, die in den Speicheldrüsen der Fliege enthalten sind –, und es waren darin unterschiedlich große Banden auszumachen. Jedoch gab es keine Möglichkeit, irgendeinen Zusammenhang zwischen diesen Banden und den Funktionen herzustellen, die man den Genen zuschrieb. Zwar ließen sich Organe, beispielsweise die Augen, von mutierten Fliegen auf normale Fliegen übertragen oder umgekehrt, wie es Boris Ephrussi und George Beadle versuchten, es ergaben sich jedoch nur indirekte und wenig überzeugende Resultate. Bis zum letzten Krieg beschränkten sich Überlegungen zur Genstruktur auf Hypothesen; diese gingen vor allem auf Erkenntnisse zurück, die bei der Untersuchung von Mutationen gewonnen wurden, und auf die Auswirkungen mutagener Faktoren wie der Röntgenstrahlen.

Ende der dreißiger Jahre wird die Fliege in die Rumpelkammer verbannt. Mikroorganismen, Pilze, Hefen, Bakterien und Viren nehmen ihren Platz ein und behalten diesen Vorrang dreißig Jahre lang. Mittels der Bakterien gelingt es nun nämlich, die Rolle der Desoxyribonukleinsäure (DNA) als Trägersubstanz der Vererbung in den Genen genauer zu bestimmen, die Beziehung zwischen Genen und Proteinen zu definieren, den Mechanismus der Proteinbiosynthese zu analysieren, den genetischen Code zu entschlüsseln, den Replikationsprozeß der Gene zu ermitteln; kurz, man kannte jetzt die Natur und Funktionsweise der Gene.

Nun konnte eine genetische Analyse der Bakterienzelle und einiger ihrer Funktionen unternommen werden. Zusammen mit Jacques Monod habe ich aufgezeigt, daß nicht alle Gene in der Zelle ständig in Funktion sind. Viele üben ihre Aktivität nur bei Bedarf aus, abhängig vom Milieu und dem Nährstoffbedarf der Bakterie. Um die Expression zahlreicher Gene zu modulieren, gibt es Regelkreise, die wiederum von spezifischen Genen gesteuert werden.

Konnte man mit der neuen Molekularbiologie auch bis ins Innerste der Bakterienzelle vordringen, so blieben die Gene komplexer Organismen doch unzugänglich. Sie ließen sich nach wie vor nur mit den Mitteln der klassischen Analyse untersuchen, das heißt durch Kreuzungen zwischen Organismen, die sich durch mehrere Merkmale unterscheiden, oder durch eine neue Technik: die Zellverschmelzung, mit der sich einige Funktionen erforschen und manche Gene auf den Chromosomen lokalisieren ließen. Aber die DNA dieser Organismen weist eine Komplexität auf, der mit den Mitteln der Molekulargenetik lange nicht beizukommen war.

Auf Anregung von Ernst Hadorn fand im Sommer 1972 in Zürich eine Zusammenkunft von besonderer Bedeutung statt. Hadorn war Embryologe. Er hatte zunächst mit Amphibienembryos gearbeitet. Angesichts der Schwierigkeiten, an diesem Material die genetischen Faktoren der Embryonalentwicklung zu analysieren, war er jedoch wieder auf die Drosophila zurückgekommen. Hadorn untersuchte die Differenzierung der »Imaginalscheiben«, jener Zellgruppen, die bei der Larve die Bildung der Fliege vorbereiten. Die ausgewachsene Fliege ist nämlich wie ein Auto zusammenmontiert: Es gibt eine Scheibe, um jedes Auge hervorzubringen, eine für jeden Flügel, eine für jedes Bein etc. Die Bestandteile werden also getrennt vorbereitet und am Ende zusammengesetzt. Diese Differenzierung hängt ganz klar von den Genen ab. Hadorn wollte die Distanz abbauen, die zwischen der Genforschung an der Drosophila und der Forschung an den Bakterien bestand; dazu hatte er fünfzehn Drosophilaforscher und fünfzehn Molekularbiologen eingeladen. Die einen wie die anderen erzählten ihre Geschichten, wobei sie sich um Einfachheit bemühten, damit sie für die andere Gruppe verständlich waren. Aber es blieb ein Graben zwischen den beiden Gruppen. Noch war nicht recht zu sehen, wie die Leistungsfähigkeit der bei den Bakterien benutzten Techniken bei der Fliege eingesetzt werden konnte.

Einige Jahre später sollte sich die Landschaft von Grund auf verändern. Denn man lernte allmählich, mit der DNA bei den Bakterien umzugehen. So konnte man die langen Fäden bald an ausgewählten Punkten durchtrennen, die Fragmente zusammenfügen, Segmente in ein Chromosom einsetzen. Alle diese Manipulationen sind inzwischen unter dem Namen Gentechnologie bekannt. Schrittweise wird es nun auch möglich, die in den komplexen Organismen enthaltenen riesigen Mengen DNA zu manipulieren, bestimmte Gene darin ausfindig zu machen, diese zu isolieren, in zahlreichen Exemplaren zu reproduzieren und ihre genaue Anatomie zu erstellen. Es läßt sich sogar das Gen eines Organismus in einen anderen einsetzen, um seine Funktionsweise bis in jede Einzelheit zu analysieren. Damit schließt sich allmählich die Kluft zwischen Bakterien und komplexen Organismen. Die genetische Analyse läßt sich nun auf jeden beliebigen Organismus ausdehnen, den Menschen eingeschlossen. Mit den Methoden der Molekulargenetik lassen sich sogar die Vorgehensweisen der klassischen Genetik umgehen, Kreuzungen zwischen Geschwistern oder zwischen Eltern und Kindern, wie sie beim Menschen nicht anwendbar sind. Damit ist der Weg frei für die Entwicklung der Humangenetik.

Die Fliege erwacht zu neuem wissenschaftlichen Leben. Wieder ist sie Organismus der Wahl, diesmal bei der Erforschung eines der größten Probleme der Biologie: der Entwicklung des Embryos, und insbesondere der Rolle der Gene bei dieser Entwicklung. Schon allein, daß der Hund vom Hund geboren wird und Weizen aus Weizen hervorgeht, zeigt, daß Fortpflanzung und Embryonalentwicklung von den Genen gesteuert werden.

Aber noch ist unklar, wie die Gene dem sich entwickelnden neu-
en Organismus Gestalt geben können. Oder wie sich ausgehend
von einer Zelle, dem befruchteten Ei, Milliarden von Zellen bilden und differenzieren sollen, die alle die gleichen Gene enthalten, aber doch so unterschiedliche Strukturen aufweisen wie
Nervenzellen, Knochenzellen, Muskelzellen, Darmzellen etc.

Bis in die siebziger Jahre blieben solche Fragen außer Reichweite der experimentellen Biologie. Sobald es jedoch möglich
war, ein bei einem bestimmten Organismus entdecktes Gen zu
isolieren, es in reiner Form darzustellen, seine Sequenz zu erkennen und seine Funktionsweise genauer anzugeben, eröffnete sich
ein neuer Zugang zur Erforschung der Embryonalentwicklung.
An die Stelle der alten Frage: »Wie funktioniert die Vererbung
bei der Fliege?« trat nun die Frage: »Wie ist eine Fliege zusam-
mengebaut?« Genau das war die Frage, die sich mein kleiner
Freund am Lycée Carnot gestellt hatte. Bisher hatte man Mutationen gesammelt, um Orientierungspunkte bei der Markierung
der Chromosomen zu gewinnen und dann deren Mechanik zu
analysieren. Doch jetzt liegt die Bedeutung einer Mutation darin, die Rolle der Gene bei der Bildung des Tieres zu verstehen.
Wenn eine Mutation zu einer Entwicklungsanomalie, zu einer
mißgebildeten Fliege, einer schlecht gewachsenen Larve führt, so
deshalb, weil das von der Mutation befallene Gen eine präzise
Rolle in einer bestimmten Aufbauphase spielt. Das heißt, weil es
eine für die Erfüllung dieser Phase notwendige Reaktion kontrolliert. Nun wird das ganze alte Arsenal der Drosophila-Muta-
tionen noch einmal mit neuen Augen durchgemustert. Beispielsweise war 1916 eine erstaunliche Drosophila-Mutante isoliert
worden: eine Fliege mit zwei Paar Flügeln statt einem. Abgesehen von ihrem bizarren und verstörenden Charakter hatte diese
Mutation seinerzeit kaum mehr bedeutet als ein Punkt auf einem

Chromosom auf der Genkarte der Drosophila. In den siebziger Jahren jedoch liegt die Bedeutung dieser Mutation in der morphologischen Umbildung, die sie bei der Fliege auslöst. Daher die Frage: Wie kann eine Mutation ein Körpersegment umwandeln? Wie wachsen durch sie am dritten Thoraxsegment der Fliege, wo man normalerweise kleine Wülste oder »Schwingkölbchen« findet, statt dessen Flügel? Diese Mutation, die ein Monster mit vier Flügeln erzeugt, macht deutlich, daß die Gestalt des Tieres bis ins Detail von den Genen gesteuert wird.

Noch monströser ist eine andere Mutante, die 1970 isoliert worden ist. Die normale Fliege besitzt eine Art Fühler über jedem Auge. Eines Tages taucht in einer Zucht eine Mutante auf, bei der anstelle des Fühlers ein Bein gewachsen ist. Die zweite Mutante bestätigt so die Schlüsse, die man anhand der ersten gezogen hatte: Der Bau des Tieres wird wirklich durch die Gene gelenkt. Die beiden Mutanten brachten noch eine weitere wichtige Erkenntnis: Die häufigsten genetischen Anomalien führen nicht zur Bildung neuer, bisher unbekannter Strukturen. Bei beiden Mutanten besteht die Anomalie darin, daß ein Organ dort auftaucht, wo man es nicht erwartet; im ersten Fall ein Paar Flügel anstelle der Schwingkölbchen, im zweiten ein Bein anstelle des Fühlers. Als wären in einer Körperregion alle Ingredienzien, die zur Bildung einer anderen Region erforderlich sind, schon vorhanden und bereit, zutage zu treten, sobald ihnen der Befehl dazu erteilt wird.

Der Entwicklung des Embryos bei der Fliege liegt also ein genetisches System zugrunde, dessen Erforschung nun möglich geworden ist. Das Problem besteht jetzt darin, diejenigen Mutationen zu isolieren, die nicht das Baumaterial selbst modifizieren, sondern die Elemente, die das Baumaterial verarbeiten, um die Gestalt des Tieres zu formen. Eine Mutation ist eine beliebi-

ge Veränderung der genetischen Information, das heißt der Ba-
senkette, die den genetischen Text bildet: Ersetzung eines Buch-
stabens durch einen anderen, Hinzufügung oder Weglassen von
Buchstaben, Unterbrechung einer Sequenz, Umkehrung, Verschiebung, Einfügung etc. Kurz, jede Art von Fehler, den man
von schriftlichen Texten als Druckfehler kennt. Sind diese Irrtümer einmal aufgetreten, setzen sie sich in den folgenden Generationen fort. Spontan entstehen Mutationen relativ selten. Durch
verschiedene Verfahren wie Bestrahlung, chemische Behandlung
etc. läßt sich ihre Häufigkeit jedoch erhöhen: Die ganze Schwierigkeit besteht darin, Mutationen aufzuspüren, denn es sind sel-
tene Ereignisse in notwendigerweise großen Populationen. Um
Mutationen zu erzielen, muß man also ihre Häufigkeit erhöhen,
dann vor allem sie ausfindig machen oder, wenn möglich, sogar
züchten. Eine bestimmte Mutation zu erhalten, das heißt zunächst, sich ihre wahrscheinlichen Auswirkungen vorzustellen.
Dies ist vor allem eine Sache der Findigkeit und der Geduld.

An Findigkeit und Geduld hat es den Fliegengenetikern nie
gemangelt. Und ganz gewiß nicht Christiane Nüsslein-Volhard
und Eric Wieschaus. Nachdem das Ziel einmal festgelegt war,
nämlich die Entwicklung des Embryos, gelang es den beiden in
wenigen Monaten, das Gesuchte zu finden. Es ging ihnen vor allem darum, die Prozesse zu zergliedern, die in den ersten Stadien
des embryonalen Lebens den Bauplan des zukünftigen Tieres aufstellen. Wie zu erwarten war, wird diese Architektur in Etappen
aufgebaut, wobei für jede Etappe eine besondere Gengruppe verantwortlich ist.

Schon seit langem treibt die Embryologen folgende Frage um:
Welchen Anteil haben die Gene der Mutter vor der Befruchtung
am Aufbau des Embryos? Oder besser: Gibt es im von der Mutter gebildeten Ei, das nach der Befruchtung den Embryo darstel-

len wird, außer dem Chromosomensatz des Embryos zytoplas-
matische Elemente, die von der Mutter stammen und Träger einer für den Bauplan des Embryos notwendigen genetischen Information sind? Die Antwort ist erst vor kurzem gefunden
worden und lautet ja. Die ersten Etappen, die den Aufbau des
Embryos steuern, werden von den Genen der Mutter gelenkt.
Erst danach treten die Gene des Embryos selbst in Aktion und
übernehmen die folgenden Etappen.

Dieses Wunder der Natur, die Bildung eines Tieres ausgehend
von einer Zelle, dem befruchteten Ei, blieb lange eine der letzten
Zufluchtsstätten des Vitalismus. Inzwischen läßt es sich mit Hilfe chemischer Begriffe beschreiben, durch Struktur und Wechselwirkung der an diesen Prozessen beteiligten Moleküle. Die ersten Etappen, die während der Eibildung von den Genen der
Mutter bestimmt werden, bestehen darin, im Ei die Bestandteile
unterzubringen, die dem Embryo später seine Ausrichtung
geben werden: Sie legen Vorder- und Hinterleib, Rücken- und
Bauchseite fest. Mit diesen Elementen wird ein Koordinatensy-
stem aufgebaut, durch das die Zellen, die sich im Embryo bilden
werden, ihre Lage ermitteln und ihre Identität bestimmen können. Dieser Anfang einer Organisation wird also vor der Befruchtung eingerichtet.

Sobald diese Bezugspunkte festgelegt sind, übernehmen die
Gene des Embryos sein weiteres Schicksal, seine schrittweise
Bildung. Unter Leitung der Embryonalgene wird sich der Körper des Embryos in Gestalt des befruchteten Eis in zehn Segmente aufteilen. Danach werden sich diese bisher identischen
Segmente differenzieren und jedes eine besondere Identität annehmen. Bald ist der künftige Kopf, mit Augen, Kiefer und
Fühlern zu sehen; der künftige Thorax mit einem Flügelpaar
und drei Beinpaaren; der künftige Hinterleib, der von einer

Analregion abgeschlossen wird. Durch ineinandergreifende Reihen von Reaktionen wird so der Körper des künftigen Tieres allmählich angelegt.

Mit den Methoden der Molekularbiologie wurden selbstverständlich die meisten dieser Gene isoliert und ihre detaillierte Anatomie erstellt; sie konnten miteinander verglichen werden, die Orte und Zeitpunkte ihrer Expression im Embryo wurden ausfindig gemacht und ihr Produkt umrissen. So wurde das Vorhandensein eines Typs von Genen entdeckt, die daran beteiligt sind, die Gestalt des Organismus zu definieren. Diese Gene werden in ganz bestimmten Zellgruppen aktiviert, die man identifizieren kann. Sie kontrollieren für die Embryonalentwicklung spezifische Operationen. Vergleicht man die Anatomie dieser Gene, ihre Grundsequenzen, so bemerkt man, daß sie durch Verkettung relativ kleiner DNA-Fragmente gebildet werden, die sich in zahlreichen Genen wiederfinden. Es sieht ganz so aus, als wären die meisten dieser Gene durch Kombination einer begrenzten Anzahl von Gensegmenten aufgebaut, die sich miteinander verbinden können. Wieder einmal entsteht die Komplexität der Natur aus der Kombinatorik einer kleinen Anzahl von Elementen.

Diese Kombinatorik nimmt eine neue Bedeutung an, wenn man sich die Produkte dieser Gene genauer anschaut, nämlich die Proteine, die die Embryonalentwicklung lenken. Denn die von jedem dieser DNA-Fragmente produzierte Polypeptidkette entspricht einer Proteinregion, deren dreidimensionale Form und elektrostatische Ladung die molekularen Erkennungs- und Wechselwirkungsfähigkeiten lenken. Alle diese Gene, die jene Vorgänge lenken, die die ersten Lebensstadien des Fliegenembryos ausmachen, wirken auf die Expression anderer Gene ein, indem sie die Transkription des entsprechenden DNA-Segments

in RNA aktivieren oder hemmen. Die Regulatorproteine, die
Produkte dieser Gene, besitzen in ihren Strukturen alle eine
Region, die eine spezifische Erkennungsfähigkeit für eine DNA-
Region besitzt, die die Aktivität des Nachbar-Gens kontrolliert.
Jede von ihnen hat also eine hohe Affinität zu einem bestimmten
DNA-Segment. Es gibt eine begrenzte Anzahl solcher Domänen,
die so seltsame Namen tragen wie »Homöoboxen«, »Zinkfin-
ger«, »POU« etc. Dies gilt vor allem für eine Batterie von zehn
Genen, die HOM-Gene, die beim Fliegenembryo die Identität
der gerade gebildeten Segmente festlegen. Durch diese HOM-
Genbatterie wird entlang der Körperachse des Tieres ein Gradi-
ent aufgebaut, der es den Zellen ermöglicht, sich entlang dieser
Achse zu orten und somit die eigene Position zu erkennen, wodurch sie dann einen bestimmten Entwicklungsweg einschlagen.
Durch die Mutation des einen oder anderen dieser HOM-Gene
kommt es zu einer irrtümlichen Identifizierung in einem Segment und daraufhin zur Bildung einer Fliege mit vier statt zwei
Flügeln, oder zur Bildung von Beinen statt Fühlern am Kopf.

Man beginnt also zu begreifen, »wie eine Fliege zusammenge-
baut ist«. Das Tier wird in Form von wiederholten Metameren,
von Segmenten aufgebaut, die man sich als mehrzellige Module
vorstellen kann. Innerhalb dieser Segmente vollzieht sich die
Zelldifferenzierung in festgelegten Bahnen. Die als erstes in Aktion tretenden Gene des Embryos haben die Funktion, das Territorium der Module abzustecken; diese sind zunächst alle identisch, alle Kopien eines Standardmoduls. Die Rolle der
Homöogene, der HOM-Gene, besteht darin, in jedem einzelnen
Segment die allgemeinen Regeln abzuwandeln, die die Differenzierung des Standard-Segments gewährleisten. An jedem Segment nehmen sie bestimmte Modifikationen vor und verleihen
ihm so seine Identität. Genaugenommen wird jedes Segment, je-

des Territorium durch eine spezifische Kombination mehrerer Homöogene bestimmt, und diese funktionieren in jeder Zelle des Territoriums parallel.

Die Existenz der beiden Mutanten offenbart einen weiteren Aspekt des Mechanismus. Wenn auf dem Kopf der zweiten Mutante ein Bein anstelle des Fühlers wächst, so deshalb, weil durch die Mutation ein Gen inaktiviert wurde. Bei der normalen Fliege funktioniert dieses Gen. Und das Funktionieren dieses Gens verhindert unter anderem die Anbringung eines Beins an der Stelle des Fühlers. Vor allem aber zeigen diese Mutanten die Möglichkeit, das der Embryonalentwicklung der Drosophila zugrunde liegende genetische System zu erforschen. Zumal die Fliege zwei Daseinsformen kennt: eine als Larve und eine als ausgewachsene Fliege. Zahlreiche Mutationen sind zwar mit dem Leben einer Fliege nicht vereinbar, lassen jedoch die Bildung einer Larve zu, selbst einer modifizierten oder stark mißgebildeten. Es handelt sich dann darum, ein Mittel zu finden, diejenigen Mutationen auszulesen, die nicht das Baumaterial der Fliege modifizieren, sondern die Elemente, die für den Aufbau verantwortlich sind und die Gestalt des Tieres formen.

Die Homöogene wirken, indem sie die Aktivität ihrer Ziel-Gene modulieren; diese wiederum bestimmen die Produktion der Wachstumsfaktoren und ihrer Rezeptoren und regulieren durch ihre Aktivierung die Vermehrung und Wechselwirkung der Zellen. Demnach wird die Entwicklung der Fliege von einer Hierarchie genetischer Elemente beherrscht. In dieser Hierarchie stellen die Homöogene und ihre Ziel-Gene bestimmte Ebenen dar, die von Antonio Garcia-Bellido mit den Namen »Selektor«-Gene und »Realisator«-Gene bezeichnet werden.

Wir haben bis jetzt nur unklare Vorstellungen davon, wie sich die höheren Strukturen des Tieres organisieren. Insbesondere ist

noch nicht bekannt, wie der Körper und seine Organe ihre Größe
und Gestalt erwerben, das heißt welche Prozesse Zellwachstum
und Morphogenese regeln. Vermutlich ist die entsprechende Information in den einzelnen Zellen enthalten; das heißt, das genetisch programmierte Verhalten der Zellen bestimmt die supra-
zelluläre Organisation. Aller Wahrscheinlichkeit nach ergibt
sich die Organisation des Körpers in seinen großen Massen aus
lokalen Wechselwirkungen zwischen Zellkomplexen.

Natürlich geht die Struktur des Embryos nicht aus dem Nichts
hervor. Es sind die Gene der Mutter, die ihn vorbereiten, ihn aus-
richten. Die Anfertigung einer Fliege fängt bei der Mutter an,
wenn diese das Ei zu bilden beginnt. Im Ei findet sich das Baumaterial: Proteine, Fette, Zucker, Mitochondrien sowie der Zellkern, in dem die für die Erzeugung einer Fliege erforderlichen
Instruktionen niedergelegt sind. Darüber hinaus muß es im Ei
»irgend etwas« geben, das es ermöglicht, dieses ganze Material
zu organisieren; es im Raum zu verteilen, um das Auftauchen der
Organe vorzubereiten; die Gestalt des zukünftigen Organismus
vorzuzeichnen; den entstehenden Zellen ihren Platz und ihre
Rolle zuzuweisen; kurz, den Stoff in Form zu bringen. Dieses
»Etwas« ist die »Positionsinformation«, die dann die Gene eines
zur Hälfte vom Vater und zur Hälfte von der Mutter stammen-
den Kerns auf den Weg bringen wird. Diese Interaktion, dieser
Prozeß der Formgebung sorgt dafür, daß eine Fliege eine Fliege
ist oder ein Elefant ein Elefant. Die schon im Ei vorhandene Positionsinformation muß notwendigerweise von der Mutter bei
der Bildung der Eizelle, der Ovogenese, eingerichtet werden. Sie
muß dementsprechend von den Genen der Mutter abhängig
sein, und nicht von denen des Embryos. Erst wenn das System auf
den Weg gebracht ist, werden die Gene des Embryos ihrerseits
reagieren und eingreifen.

Es ist interessant festzustellen, daß die von der Mutter für den
Embryo eingerichtete Körperachse die gleiche Richtung hat wie
ihre eigene. Anders gesagt, seit es Fliegen gibt und diese sich
fortpflanzen, wird von ihnen unbeirrt die gleiche Körperachse
mit der gleichen Richtung weitergegeben. Selbstverständlich
kommt auch diese nicht aus dem Nichts. Sie geht zurück auf einen anderen Organismus, den Vorfahren der Drosophila in der
Evolutionsgeschichte.

In der Literatur ist die Fliege ein vertrautes Insekt, sie gilt als
Symbol für das Störende und Lächerliche. Weniger abstoßend als
die Spinne, doch weniger anziehend als der Schmetterling, verkörpert sie das Unruhige, Unsinnige und Unnütze. Schlimmer
noch, sie stört die Aufmerksamkeit. Montaigne fand ihr Schwir-
ren für den Aufschwung des Geistes »tödlich«. Für Pascal hält
sie »die Vernunft in Schach«. Ihre ausgeprägte Vorliebe für Ab-
fall, Fäulnis und Kot machen aus ihr außerdem ein ekelerregen-
des Objekt.

Allein in der Wissenschaft ist es der Fliege also gelungen, zum
Star aufzusteigen. Nicht nur in der Genetik, sondern auch in der
Embryologie, und dann völlig überraschend noch ein weiteres
Mal. Die Embryologie ist lange eine scharf unterteilte Disziplin
geblieben; fast könnte man sagen, ein von verschiedenen Stämmen beherrschtes Gebiet, von denen jeder sich seinem Lieblings-
Organismus widmete. Der Embryo eines Seeigels gleicht nicht
dem eines Frosches, einer Maus oder einer Fliege. Für die Entwicklung jedes einzelnen von ihnen scheinen Mechanismen zu
gelten, die mit den anderen zunächst nichts zu tun haben. Als
man jedoch die Embryonalentwicklung der Fliege in ihren
großen Linien verstanden und die beteiligten Gene ausfindig gemacht hatte, war das Erstaunen groß, als man feststellte, daß die

gleichen Gene sich in verwandten Funktionen bei den verschiedensten Organismen wiederfinden. Die Entwicklung aller Embryonen scheint auf gemeinsamen Prinzipien zu beruhen. Damit
wird die Fliege zu einer Art bevorzugtem Modell. Wenn man
heute in der Erforschung der Maus und des Menschen Fortschritte erzielt, ist dies also der Fliege zu verdanken.

KAPITEL III
DIE MAUS

Die Zahl der Wissenschaftler, die als Autoren einer bio-
logischen Abhandlung zeichnen, ist im Laufe dieses
Jahrhunderts rapide angewachsen. Vor dem letzten
Krieg war fast jede Arbeit das Werk eines einzigen Wissen-
schaftlers. Nach dem Krieg findet man im allgemeinen zwei
Autoren pro Abhandlung. Seit den siebziger Jahren steigt die
Zahl der Autoren ständig an, in den letzten Jahren sind es häufig
über zehn, manchmal dutzende, und bei den Arbeiten über die
Genome sind es sogar an die hundert.

In den Anfangszeiten der Molekularbiologie um die Mitte dieses Jahrhunderts waren die meisten Forschungsarbeiten das
Werk von Duos, Paaren, Zweiergespannen. Zu denken wäre hier
an die Arbeiten von George Beadle und Edward Tatum, Salvador
Luria und Max Delbrück, Max Perutz und John Kendrew, James
Watson und Francis Crick, Jacques Monod und mir selbst,
Matthew Meselson und Franklin Stahl etc. Die von diesen Paaren
verfaßten Abhandlungen sind charakteristisch für eine bestimmte Etappe in der Entwicklung der Molekularbiologie. Warum
haben Paare hier eine so wichtige Rolle gespielt? Warum war
diese Epoche und diese Disziplin der Bildung von Wissenschaft-

lerpaaren so förderlich? Lag es am interdisziplinären Charakter
der Forschung? Oder an der Vielfalt der eingesetzten Techniken,
die aus den unterschiedlichsten Bereichen stammten? Oder am
komplexen Charakter der Experimente?

Dies alles erscheint mir wenig plausibel. Meines Erachtens ist
es weniger die experimentelle Seite, sondern vor allem der theoretische Aspekt, der es Paaren ermöglicht hat, ihre Talente zu
entfalten und ihr Können unter Beweis zu stellen. Wenn eine
Wissenschaft noch in ihren Anfängen steckt, wenn das Gelände
noch unbestimmt und offen ist, gibt es zahlreiche Gelegenheiten, um Theorien zu ersinnen und Modelle zu konstruieren. Und
über Theorien und Modellen läßt sich besser zu zweit als alleine
brüten. Der innere Monolog ist dieser Übung weniger angemes-
sen als der Dialog zweier Geister, die es gewohnt sind, zu koope-
rieren, zu diskutieren, sich gegenseitig zu kritisieren und zwei
verschiedene Betrachtungsweisen der Welt miteinander zu kon-
frontieren; kurz, zusammen und gegeneinander zu arbeiten.
Ganz zu schweigen von der angenehmen Seite der Forschung,
denn Forschung ist zu zweit sehr viel amüsanter. Und zu zweit
sprießen die Ideen schneller. Sie springen auf den Partner über.
Sie gehen auseinander hervor wie die Zweige eines Baums. Und
Phantasmen werden eher im Keim erstickt.

Tatsächlich nimmt die Arbeit zu zweit bald einen eigenen Verlauf. Sie folgt Regeln, die für dieses Spiel und für diese beiden
Partner charakteristisch sind. Wie Zwillinge verwenden die beiden Mitspieler ein eigenes Vokabular, prägen neue Wörter. Im
Verlauf einer besonders lebhaften Diskussion, wenn sich der Dialog beschleunigt und nach kurzer Zeit einer Ping-Pong-Partie
gleicht, kann die Erregung oft einen Grad erreichen, daß jeder
der beiden Protagonisten bereits antwortet, bevor der andere seinen Satz überhaupt beendet hat. So daß jeder Außenstehende,

der dem Geschehen beiwohnt, der Diskussion bald nicht mehr
zu folgen vermag.

Am Institut Pasteur hatte ich zweimal die Chance, an einer solchen wissenschaftlichen Paarbildung beteiligt zu sein. Zunächst
mit Elie Wollman bei der Erforschung der Lysogenie und der
Sexualität der Bakterien. Dann mit Jacques Monod bei der Analyse der induzierbaren Proteinsynthese beim Kolibakterium.
Laut Lewis Thomas läßt sich die Bedeutung einer Forschungsarbeit am Grad der von ihr ausgelösten Überraschung messen.
Nun, an Überraschungen hat es am Institut Pasteur nicht gemangelt! Mit Wollman war es die sogenannte erotische Induktion der Entwicklung des Prophagen bei der Paarung; der *Coitus
interruptus* der Bakterien, als wir sie während der Vermählung in
einen Küchenmixer steckten; die Kreisförmigkeit des Bakterien-
chromosoms. Mit Monod waren es die sogenannten PY-JA-MA-
Experimente, von denen ich in *Die innere Statue* berichtet habe,
und vor allem war es eine ganze Reihe von Mutanten; manche
von ihnen tauchten völlig unerwartet auf, wie die dominanten
negativen Mutanten, die wir in den Regulationskreisen des
lambda-Bakteriophagen und des Laktosesystems isoliert hatten.
Noch eine andere Art von Überraschung trat bei dieser ganzen
Arbeit auf: Nachdem man ein Modell hervorgebracht hat, das
man selbst nur mit Mühe ernst nimmt, stellt man erstaunt fest,
daß es einen Teil Wahrheit enthält; daß die Welt, oder zumindest
ein kleines Bruchstück der Welt gefügig dem entspricht, was
man ersonnen hat. Zumindest vorläufig!

Einige Jahre lang habe ich jeden Tag mehrere Stunden mit
Jacques Monod in seinem Büro verbracht, die Hälfte der Zeit
diskutierend, die andere Hälfte Modelle an die Wandtafel zeich-
nend. Durch die Kombination der Arbeit über die Lysogenie und
über das Laktosesystem, durch viele Diskussionen und an die Ta-

fel gekritzelte Zeichnungen hat sich allmählich das sogenannte
»Operon«-Modell herausgebildet. Es faßte zusammen, was wir
von den Mechanismen der Proteinsynthese wußten. Wir brachten damit den Gedanken einer Regulationseinheit für die Expression der Gene vor; der Regelkreis besteht aus einem Regula-
tor-Protein und seinem Ziel auf der DNA, von dem aus die
Expression der angrenzenden Gene gesteuert wird.

Wir hatten dieses Modell vorgeschlagen, um die Regulation
der Genexpression bei den Bakterien zu erklären. Aber wir hoff-
ten, bei den höheren Organismen auf ähnliche, nach denselben
Prinzipien funktionierende, wenn auch entsprechend komplexere Regulationseinheiten zu stoßen. Vor allem bei den Phänomenen, die der Embryonalentwicklung und der Zelldifferenzierung
zugrunde liegen. Die Regulationseinheiten ließen sich mit Bestandteilen elektronischer Schaltkreise vergleichen. Sie konnten
nach Belieben kombiniert werden und nach den verschiedensten
Schemata und unterschiedlichen Regulationsfunktionen so miteinander verknüpft werden, daß die Aktion der Gene in Gang
gesetzt oder gehemmt wurde.

Nach seiner Veröffentlichung erlebte das Operon-Modell einen echten Erfolg. Manchmal sogar einen übertriebenen, denn
bald wurde es mit allem möglichen in Verbindung gebracht,
auch in Bereichen, wo es nichts zu suchen hatte. Andere Modelle
wurden vorgeschlagen, um die Regulation der Genexpression
bei den Bakterien durch die verschiedensten Mechanismen zu erklären. Manche davon unterschieden sich radikal von unserem.
Sie wurden von den Biochemikern bald widerlegt. Leider nicht
von denen am Institut Pasteur, denn hier wurde das Problem nie
mit der notwendigen Überzeugung und den erforderlichen Mitteln angegangen. In Harvard jedoch gelang es Walter Gilbert
und Benno Müller-Hill, den Repressor des Laktosesystems zu

isolieren, und Mark Ptashne, den des *lambda*-Phagen in reiner
Form darzustellen. Damit wurde die molekulare Untersuchung
der Regulation möglich. Die gefundenen molekularen Elemente
bildeten tatsächlich eine Regulationseinheit. Abgesehen von
geringfügigen Modifikationen entsprachen ihre Eigenschaften
auch den in unserem Modell vorgesehenen.

Nun begann mich die Frage zu interessieren, ob die bei den
Bakterien entdeckten Regulationsprinzipien der Genexpression
ebenso bei komplexen Organismen zu finden waren, vor allem
im Verlauf der Embryonalentwicklung. Und sollte dies der
Fall sein, woher dann die notwendige zusätzliche Komplexität
stammte. Dieses Problem war nicht gerade leicht anzugehen,
denn es schien damals ausgeschlossen, die bei den Bakterien benutzten Methoden bei höheren Organismen einzusetzen. Im Falle der Bakterien hatte das Auffinden und die Analyse der Regulationselemente fast ausschließlich auf der genetischen Analyse
der Zelle beruht. Diese Analyse war bei den sogenannten Eu-
karyonten, das heißt Organismen mit kernhaltigen Zellen, nicht
zu gebrauchen; mit Ausnahme der Hefe, die sich für diese Art
von Untersuchung sehr gut eignete; aber außer einigen Phänomenen von Sporenbildung und Sexualität hatte sie kaum etwas mit Embryonalentwicklung und Zelldifferenzierung zu tun.

Wollte ich wirklich die Zelldifferenzierung erforschen, mußte
ich also zwischen zwei Alternativen wählen. Entweder mit der
Untersuchung der Einzeller, Bakterien oder Hefen, fortfahren
und hier neue Gebiete erforschen. Oder im Gegenteil mich für
das Größere und Komplexere interessieren, was auf die Suche
nach einem anderen Material hinauslief. Eine schwierige Entscheidung. Sobald Wissenschaftler sich einmal auf einen bestimmten Forschungstyp, auf ein bestimmtes Material eingelas-
sen haben, ändern die meisten es nie mehr, vor allem Biologen

nicht. Sie verbringen so ihr Forscherdasein, beflügelt von mehr
oder weniger glücklichem Erfindergeist, mit der Entwicklung
neuer Fragestellungen. Nur wenige haben, wie André Lwoff,
mehrmals Forschungsgegenstand und Material gewechselt und
dabei jedesmal frischen Wind in ein altes Problem gebracht.

Über diese Frage des Materials und der Veränderung mußte
selbstverständlich mit Jacques Monod diskutiert werden. Seit
der Arbeit über das Operon, und nachdem der Repressor nicht
am Institut Pasteur hatte isoliert werden können, waren unsere
Interessen nach und nach auseinandergedriftet. Jacques beschäftigte sich vor allem mit der Erforschung bestimmter Regulator-
Proteine, deren sogenannte »allosterische« Eigenschaften bei der
Arbeit von Jean-Pierre Changeux aufgetaucht waren. Ich war anfangs an dieser Arbeit beteiligt, denn es hatte sich gezeigt, daß
die hemmenden oder aktivierenden Proteine der Regulations-
kreise solche allosterischen Eigenschaften aufwiesen. Das war vor
allem eine der wenigen Erklärungsmöglichkeiten für die Besonderheiten einiger meiner Lieblingsmutanten, wie der dominanten negativen Mutanten. Aber die Ausarbeitung und Überprüfung von Modellen beruhten hier vor allem auf ausführlichen
kinetischen Untersuchungen der von diesen Enyzmen kataly-
sierten chemischen Reaktionen. Und diese kinetischen Untersuchungen fand ich wenig erotisierend.

Meinerseits konzentrierte ich mich auf die Untersuchung der
Zellteilung und der Replikation der DNA beim Kolibakterium.
Im Jahr 1962 verbrachte die Familie Brenner ihren Urlaub zusammen mit der Familie Jacob an einem Strand in der Vendée,
der La Tranche-sur-Mer hieß und den Sydney »The Slice« nann-
te. Während die Kinder am Strand spielten, waren Sydney und
ich dabei, zu diskutieren und in den Sand zu zeichnen, und
hatten auf diese Weise bald ein Modell entwickelt, das wir

»Replikon« nannten; es sollte eine Verbindung zwischen der
Replikation der DNA und der Zellteilung herstellen. Die Idee
bestand darin, die DNA in einem Punkt mit der Membran zu
verbinden, von dem aus die Replikation gesteuert würde. Auf
der Basis dieses Modells versuchten wir zusammen mit François
Cuzin, Kolibakterien-Mutanten zu isolieren und zu analysieren,
bei denen Zellteilung und/oder Replikation gestört waren.

Aber mich beschäftigte vor allem eine Frage: Ist es nötig,
Forschungsmaterial und Forschungsthema zu wechseln? Auch
wenn Jacques und ich nicht mehr so eng zusammenarbeiteten,
diskutierten wir noch immer sehr häufig. Mehrmals versuchte
ich die Diskussion auf einen möglichen Wechsel zu bringen.
Aber Jacques interessierte sich kaum dafür. Er hing sehr an der
Untersuchung der Mikroorganismen, die er – zurecht – als her-
vorragendes Material zur Erforschung zahlreicher ungelöster
Probleme ansah.

Dennoch konnten mich seine Argumente nicht überzeugen.
Aus mehreren guten oder weniger guten Gründen. Zunächst
hatte ich keine Lust, mein Leben damit zu verbringen, immer die
gleichen Experimente durchzuführen. Alfred Hershey hatte zwar
einmal scherzhaft bemerkt, daß für den Biologen das Glück darin besteht, ein sehr kompliziertes Experiment auszutüfteln und
es Tag für Tag zu wiederholen, wobei er jedes Mal nur ein Detail
abwandelt. Doch ich wollte eine Veränderung. Seit fünfzehn Jahren ließ ich nun schon ausgesuchte Bakterienpaare im Takt ko-
pulieren. Diese Art von Übung hatte mir viel Befriedigung verschafft. Doch glaubte ich ihre Freuden ausgekostet zu haben. Ich
hatte nichts dagegen, eine Art Guru der Sexualität zu werden,
aber nicht der Bakteriensexualität. Auch fingen die Bakterien an,
mir ein wenig unsichtbar, ein wenig farblos zu erscheinen. Ich
wollte etwas Sichtbares, mit Hormonen, Leidenschaften, mit ei-

ner Seele. Ich wollte Tiere, denen man ins Auge blicken, die man individuell erkennen, ja benennen konnte. Und die fähig waren, einem auch selbst in die Augen zu blicken. Der wahre Grund lag jedoch woanders. Er war ernsthafter, biologischer, professioneller. Bei den Mikroorganismen ließen sich Phänomene finden, die an die Zelldifferenzierung erinnerten: so die Sporenbildung bei den Bakterien; vor allem aber Phänomene der Sporenbildung und Sexualität bei der Hefe, die den Zellen der höheren Organismen sehr nahe steht. Aber das hieß, ein wenig zu schummeln. Wenn man die Entwicklung des Embryos erforschen wollte, mußte man mit Embryonen arbeiten. Wenn man die Zelldifferenzierung untersuchen wollte, mußte man mit Organismen arbeiten, die differenzierte Zellen aufwiesen, Organismen mit Muskeln, Nerven, Haut, Nieren etc. Es brachte nichts, wie die Katze um den heißen Brei zu schleichen. Man mußte diesen Weg gehen. Ich entschloß mich zum Wechsel.

Nachdem diese Entscheidung getroffen war (ungefähr 1967), stellten sich zwei Fragen: welcher Organismus? und: wie von einem Forschungstyp zum anderen übergehen? In der Biologie ist die Wahl des zu untersuchenden Organismus von erheblicher Bedeutung. Zunächst einmal, weil die Wahl eines Tieres, seine Struktur und Physiologie die Forschungsmöglichkeiten auf bestimmte Typen von Experimenten beschränken. Dann auch, weil man im Laufe der Zeit, je mehr Erkenntnisse sich ansammeln, irgendwie Gefangener des eigenen Wissens und des bereits Vollbrachten wird. Laborausrüstung und diverse Objekte von großem Wert – Mutanten, Enzyme, gereinigte Produkte – sammeln sich an. Das Engagement für ein bestimmtes Thema, an einem gegebenen Material, stellt auch eine täglich größer werdende Investition von Zeit und Arbeit dar. Sobald man einmal in einer bestimmten Richtung in Fahrt ist und dann befürchtet, in eine

Sackgasse zu geraten, kann es schwierig sein, das Steuer herumzureißen.

Wie sollte man unter den bevorzugten Organismen der Embryologen eine Wahl treffen: Seeigel, Frosch, Fliege, Maus etc.? Jeder von ihnen eignet sich für einen bestimmten Typ von Experimenten, aber nicht oder kaum für andere. Eines Tages notierte ich auf einem Blatt Papier alle Eigenschaften, die mir bei einem Tier wünschenswert schienen, damit es dem Forschungstyp entspräche, der mir vorschwebte: Leichtigkeit der Zucht, Schnelligkeit der Reproduktion, Einfachheit der genetischen Analyse, vorhandene Zellkulturen, entwickelte physiologische Untersuchungen, eine leichte Biochemie und schließlich die Möglichkeit, das Verhalten zu untersuchen etc. Es war klar, daß es das ideale Tier nicht gab. Meinen Anforderungen hätte allenfalls eine Kreuzung aus Frosch, Seeigel, Fliege etc. genügt! Also mußten die Ansprüche gesenkt und Kompromisse eingegangen werden.

Während einer Labordiskussion schlug ein Forscher vor, sich die Planarien einmal genauer anzusehen. Ihr Vorteil lag in ihrer Regenerationsfähigkeit. Wird eine Planarie in der Mitte durchtrennt, so baut jede Hälfte die andere wieder auf, und man erhält zwei vollständige Planarien mitsamt allen Organen und Geweben. Damit lassen sich also die Bildung eines Tieres und die Zelldifferenzierung untersuchen. Als der große europäische Spezialist für Planarien galt ein Italiener, Zoologieprofessor an einer norditalienischen Universität. Zu dritt fuhren wir los, um ihn zu besuchen und seine Planarienzuchten zu besichtigen. Er war ein kleiner, trockener, aber lächelnder Mann mit schwarzen Augen und Haaren. Sogleich erklärte er, wie sehr er sich geehrt fühle, daß die Molekularbiologen sich für seine bescheidenen Organismen interessierten. Auf unsere erste Frage: was ist die Reproduktionsdauer einer Planarie, antwortete er unumwunden: »Ungefähr drei Monate.« Als er unsere fassungslosen Mienen sah, fügte er hinzu: »Vielleicht zweieinhalb Monate.« Und da auch dieses Zugeständnis uns nicht aufzuheitern schien, wagte er, sich windend und mit einem wunderbaren singenden Akzent, die Schätzung: »Vielleicht zehn Wochen. Mehr kann ich nicht tun.« Entmutigt packten wir unsere Koffer für die Rückreise.

Einer meiner Begleiter war ebenfalls Zoologieprofessor und bat mich nach unserer Reise, einen Vortrag für die Studenten zu halten. Wir einigten uns auf das Thema (»Zellteilung und Replikation der DNA«) und die Stunde: am folgenden Tag um elf Uhr. Am nächsten Tag treffe ich also um halb elf in der Universität ein. Aber wir schreiben das Jahr 1968, und mein Zoologieprofessor empfängt mich in aufgelöstem Zustand. »Die Studenten halten den Saal seit heute nacht besetzt. Ich fürchte, Ihr Vortrag kann nicht stattfinden.« Er schickt jedoch einen seiner Assistenten los, um mit den Studenten zu verhandeln. Fünf Minuten vor elf sind diese schließlich damit einverstanden, daß ich meinen Vortrag halte. Pünktlich um elf Uhr drängen der Zoologieprofessor und ich uns in ein zum Bersten gefülltes Amphitheater, ein wenig als würden wir den Löwen zum Fraß vorgeworfen. Kaum hat sich der Professor erhoben, um mich vorzustellen, fangen alle Studenten zu brüllen an. Schließlich setzt er sich wieder. Sofort legt sich der Lärm. Ich erhebe mich und erzähle in völliger Stille meine kleine Geschichte von den Kolibakterien-Mutanten, die unfähig sind, ihre DNA zu reproduzieren.

Als ich geendet habe, Applaus. Von allen Seiten dringen Fragen auf mich ein. »Haben sie Enzyme isolieren können, die von Mutationen betroffen waren? Glauben Sie, daß die Studenten eine Revolution machen können? Wie viele verschiedene Mutationen haben Sie isoliert? Was halten Sie von der Einstellung des

Anatomieprofessors zu den Studenten?« Wir kommen schließlich überein, die Fragen zu gruppieren: zuerst die wissenschaftlichen, dann die politischen. Ich diskutiere also zunächst einige Aspekte meines Vortrags. Als wir damit fertig sind, erheben sich alle Professoren, die an der Sitzung teilgenommen haben, einschließlich meines Gastgebers, des Zoologieprofessors; sie verlassen das Amphitheater und lassen mich allein mit den Löwen zurück. Es folgt eine Reihe von Fragen, auf die ich mehr schlecht als recht antworte. Manche zur allgemeinen Situation, zur Entwicklung unserer Gesellschaft, zur Notwendigkeit einer politischen Veränderung etc. Andere spezifischer zur Situation dieser Universität, die mir vorher nicht bekannt war, die ich aber schnell kennenlerne. Vor allem verübeln sie dem Anatomieprofessor, daß er sich ihrer Ansicht nach schlecht gegen sie verhalten hat. Das alles entwickelt sich mit einer tüchtigen Portion Humor sehr gut. Nach drei Stunden brechen wir die Diskussion ab. Während ich hinausgehe, skandieren die Studenten: »Der Kampf geht weiter. Der Kampf geht weiter.« Draußen stelle ich mit Verblüffung fest, daß die gesamte Fakultät mich zu einem Essen erwartet, von dem ich nicht in Kenntnis gesetzt worden bin. Die Professoren stürzen auf mich zu. Wie ist es gelaufen? Welche Fragen haben sie gestellt? Was wollen sie? Und so erfahre ich erstaunt, daß die Professoren dieser Universität seit drei Monaten nicht mehr mit ihren Studenten gesprochen haben! Ende der Planarienepisode.

Zu jener Zeit befand ich mich auch einmal mit Seymour Benzer und Sydney Brenner auf einem Kolloquium in New York. Eines Abends gingen wir vor dem Essen ins Kino und sahen uns *Die Maus, die brüllte* an. Die Handlung spielt in einem winzigen europäischen Land, das von einer Großherzogin regiert wird. Bei einer Kabinettssitzung zur katastrophalen finanziellen Lage des

Landes bemerkt ein Minister, daß die einzigen Länder mit
blühender Finanzlage die beiden Kriegsverlierer Deutschland
und Japan sind. Daraufhin schlägt der Premierminister vor, den
Vereinigten Staaten den Krieg zu erklären; der Vorschlag wird
begeistert angenommen. Ein Expeditionskorps von sechs Mann
wird unter dem Kommando eines Unteroffiziers in den Krieg gegen die Vereinigten Staaten geschickt. Zufälligerweise trifft das
Korps gerade am Unabhängigkeitstag vor New York ein. Die
Stadt ist wie ausgestorben. Kein einziger Passant. Kein Wagen.
Kampflos erobert die Truppe die Stadt. Die Komik der Situation
wird noch erhöht durch den englischen Schauspieler Peter Sellers
in allen Rollen: Er spielt die Großherzogin, den Premierminister, den Unteroffizier etc.

Nach dem Film das Abendessen. Dabei entspann sich eine so-
lide Diskussion. Seymour und Sydney waren bereits zu einem
Entschluß gekommen. Schon seit einigen Monaten hatten beide
Phagen und Bakterien aufgegeben. Beide hatten die Absicht,
mittels sorgfältig ausgesuchter Mutanten die Verschaltung des
Nervensystems zu erforschen, Seymour bei der Drosophila, Sydney bei einem kleinen Fadenwurm namens *Caenorhabditis elegans*.
Jeder lobte *sein* Material, das dem des anderen natürlich haus-
hoch überlegen war. Die Fliege wies schon eine beachtliche wissenschaftliche Vergangenheit auf, denn sie war lange das Lieb-
lingsmaterial der Genetiker gewesen. Sie reproduzierte sich
schnell und war auch leicht im Labor zu züchten, denn eine einfache Flasche konnte hunderte Exemplare aufnehmen. Vor allem
gab es eine Sammlung der unterschiedlichsten Mutanten, darunter auch solche, bei denen die Entwicklung des Embryos gestört
war. Folglich bildete sie ein sehr geeignetes Material zur genetischen Erforschung der embryonalen Entwicklung. Und doch
eines mit einigen Nachteilen: Die physiologischen Untersu-

chungen waren schwierig, keine oder wenige Zellkulturen waren
vorhanden.

Sydneys kleiner Fadenwurm bot ein anderes Bild. Noch wenig
in Experimenten verwendet, bestand seine Haupttugend in seinem Vermögen, sich in einem mit Kolibakterien beimpften Me-
dium schnell zu vermehren. Es war ein kleiner runder Wurm,
einen halben Zentimeter lang, ein Hermaphrodit. In drei oder
vier Tagen produzierte ein Individuum an die hundert Nachkommen. Dieses einfach zu züchtende Tier eignete sich gut für
die genetische Analyse. Sydney hatte schon eine Reihe Mutanten
isoliert. Der kleine Wurm besaß eine erstaunliche Eigenschaft:
Er bestand aus 982 Zellen, und das Schicksal jeder einzelnen war
präzise festgelegt. Leicht verwendbar für die biochemische Untersuchung, eignete er sich schlecht für physiologische Forschungen. Auch hier gab es keine Zellkulturen. Letztlich wogen
sich beide Systeme auf. Das eine war bewährt, das andere
schnell.

Um von einer Forschung zur anderen überzugehen, mußten
Forscher, Material und Laboratorium auf die neue Formel umge-
stellt werden. Es schien mir möglich, eine erste Etappe in dieser
Richtung zu bewältigen und mich mit Säugetierzellen bekannt
zu machen, indem ich Kulturen von Mauszellen anlegte. Einen
Wechsel dieser Art hatte André Lwoff problemlos vollzogen, als
er seinen Untersuchungsgegenstand ausgetauscht hatte: den
Phagen gegen den für die Kinderlähmung verantwortlichen Po-
lio-Virus. Außerdem wurde die Erforschung der Zelldifferenzie-
rung anhand von Zellkulturen sowohl von Boris Ephrussi in
Frankreich als auch von Henri Harris in England unternommen.
Dazu »verschmolzen« sie differenzierte Zellen unterschiedlicher
Art und beobachteten anhand der Produkte die Expression ver-
schiedener Merkmale. Zwar schien mir auch mit diesem Typ von

Experiment etwas gemogelt zu werden, um die Arbeit an Embryonen zu umgehen. Aber es war ein Anfang.

Das Bakterienlabor ließ sich mit wenig Aufwand in ein Zellenlabor umrüsten. Ein Amerikaner, David Schubert, verbrachte einen zweijährigen Forschungsaufenthalt bei uns und brachte Neuroblastomzellen der Maus mit. Dann hatte Hedwig Jakob, Mitarbeiterin von Ephrussi in Gif, die Absicht, nach Paris zu ziehen. Sie war eine erfahrene, in allen Techniken bewanderte Spezialistin für Zellkulturen. Während einiger Monate haben wir Kulturen mehrerer Zelltypen angelegt, vor allem Lymphozyten der Maus, wobei wir versuchten, einige Aspekte der Differenzierung zurückzuhalten. Dazu züchteten wir Zellen, die ein Enzym synthetisieren konnten, was ihnen in ihrer differenzierten Form nicht möglich war. Eine Übung, die weiter kaum Folgen hatte. Wir dachten vage daran, einen Lymphozyten, der einen Antikörper synthetisierte, mit einem anderen, der keinen synthetisierte, zu verschmelzen, als wir von der Entdeckung der monoklonalen Antikörper durch César Milstein und Georges Köhler erfuhren!

Dies alles war mehr oder weniger ein Zeitvertreib, bevor man mit einem richtigen Embryo ins kalte Wasser springen konnte. In dem recht kleinen und schwierig umzumodelnden Labor, das mir zur Verfügung stand, konnte es sich nur um einen Organismus handeln, der selbst sehr klein war. Fliege oder Fadenwurm? Während einiger Monate spielte ich mit dem Fadenwurmstamm, den Sydney mir überlassen hatte. Mit Françoise de Vitry und Hedwig Jakob produzierte ich einige Mutanten. Damit konnte man sich in der Genetik und der Biochemie versuchen. Aber der kleine Wurm begeisterte mich kaum. Nach sechs Monaten hielt ich am Institut Pasteur ein Seminar über das Thema »Was sich mit dem Fadenwurm alles nicht machen läßt«.

Die Drosophila reizte mich schon mehr. Denn seit fünfzig Jahren hatte sich eine enorme Vielfalt von Mutanten angesammelt, von denen einige ganz offensichtlich den Bau des Tieres und folglich die Embryonalentwicklung beeinträchtigten. Auch wegen einiger Experimente, die in der Schweiz von Ernst Hadorn durchgeführt worden waren; um Embryozellen zu züchten, verwendete er übrigens als Reagenzglas den Hinterleib einer ausgewachsenen Fliege.

Aber war es genau besehen klug, am Institut Pasteur über die Fliege zu arbeiten? Es schien mir nämlich undenkbar, an ein anderes Forschungszentrum überzuwechseln. Aus einer ganzen Reihe von Gründen wollte ich dort weitermachen, wo ich vor fünfundzwanzig Jahren angefangen hatte. Vor allem fühlte ich mich irgendwie in der Schuld gegenüber dem Institut Pasteur und den »Pastorianern«, die mich gut aufgenommen und mir den Start ermöglicht hatten. Doch schien mir die Arbeit dort auch einige Zwänge mit sich zu bringen. Von seinem Gründer dazu bestimmt, die Infektionskrankheiten zu erforschen – und zu bekämpfen –, widmete sich das Institut Pasteur seit siebzig Jahren der Erforschung von Bakterien, Viren und Abwehrmechanismen. Und die Molekularbiologie hatte sich hier nur deshalb entwickeln können, weil sie in ihrer Anfangszeit mit Bakterien und Viren betrieben worden war. Sicherlich war es nicht nötig, unmittelbar in den Disziplinen zu arbeiten, die gewissermaßen den Stoßtrupp des Instituts bildeten. Aber es schien doch ebenso unnötig, ein neues Material mit seiner ganzen Logistik dort einzuführen.

Allerdings wurde am Institut Pasteur schon ein anderer Organismus gezüchtet und befand sich im Zentrum der hier betriebenen Forschungen: die Maus. Aber noch nicht genug, wie ich fand. Dieses kleine Tier eignete sich gut zur Untersuchung der

Immunität, aber die Immunologen benutzten das Kaninchen. Es
ließ sich mit manchen Bakterien oder pathogenen Viren infizieren. Die Bakteriologen arbeiteten jedoch vor allem mit dem
Meerschweinchen. Schließlich eignete sich die Maus am besten
zur Erforschung gewisser Krebsarten und Transplantationswege.
Außerdem wurde seit Anfang des Jahrhunderts an der genetischen Analyse der Maus gearbeitet. Sie ist das sich am schnellsten
reproduzierende Säugetier. Zahlreiche Mutanten waren schon
bekannt. In mehreren Laboratorien wurde die Untersuchung des
Embryos weitergetrieben. Natürlich war die Analyse der Entwicklung eines Embryos im mütterlichen Uterus sehr viel komplexer und bereitete sehr viel mehr Schwierigkeiten als bei einer
Fliege, einem Fadenwurm, ja selbst einem Frosch. Aber die Maus
hatte zwei Tugenden, die mir damals entscheidend vorkamen.
Zunächst einmal war es das kleinste Säugetier, es war ein Labor-
Organismus, der dem Menschen ähnlich war und mit dem man
daher genetische, physiologische und pathologische Untersuchungen durchführen konnte, die als Modelle für den Menschen
dienen würden. Und vor allem entsprach dieses Tier den Anforderungen der meisten Disziplinen, die am Institut Pasteur betrieben wurden. Es war daher vollkommen logisch, gerade hier
seine genetischen und embryologischen Aspekte im Detail zu erforschen. Was nicht für andere Organismen wie Fliege, Fadenwurm oder Frosch galt.

Je mehr ich über diese Angelegenheit nachdachte, desto deutlicher empfand ich die Notwendigkeit, mit der Maus in der gleichen Weise vorzugehen, die sich schon mit den Bakterien als so
wirksam erwiesen hatte. Das hieß vor allem, Forscher verschiedener Disziplinen am gleichen Material, der Maus, zusammen-
zubringen. Damals wurden die großen Linien dessen, was in den
unterschiedlichsten Bereichen für die Zukunft des Landes vorge-

sehen war, von der Regierung gerne in Form von »Fünfjahresplä-
nen« entworfen. Ende der sechziger Jahre bereitete man so den
Plan für die Jahre 1971-1975 vor. Da ich zu den wissenschaftlichen Beratern gehörte, empfahl ich, ein Forschungsinstitut für
die Maus einzurichten, in dem Genetiker, Physiologen, Biochemiker, Pathologen, Virologen, Krebsforscher etc. Seite an Seite
am gleichen Material arbeiten sollten. Diese Empfehlung wurde
nicht gut aufgenommen. Zunächst nicht von der Wissenschafts-
verwaltung. Ihre erste Reaktion war, mich zu fragen, ob ich Direktor dieses Instituts werden wollte, was mich überhaupt nicht
interessierte. Hätte ich angenommen, wäre es vielleicht aufgebaut worden. Aber eine solche Einrichtung sollte offenbar für
eine bestimmte Person da sein, nicht für ein bestimmtes For-
schungsprojekt. Genauso schlecht wurde mein Vorschlag von
den meisten meiner Kollegen aufgenommen, die mir hauptsächlich drei Vorwürfe machten: 1. Er will sein eigenes Institut, um
die ganze französische Biologie in seiner Gewalt zu haben. Er ist
ein Diktator. 2. Es ist eine unsinnige Idee. Man muß die Leute
nach ihrem eigenen Gutdünken getrennt arbeiten lassen. 3. Warum die Maus? Warum kein Forschungsinstitut für den Seeigel
oder Frosch? Hätte ich ein solches Institut wirklich leiten wollen
und für das Projekt gekämpft, ich hätte vermutlich Erfolg gehabt. Aber ich fand die Kritiken und Kommentare so dumm,
daß ich es gar nicht versuchte. Womit ich wahrscheinlich unrecht hatte. Die Einrichtung eines solchen Instituts zur damaligen Zeit hätte vermutlich den französischen Forschergruppen einen guten Vorsprung verschafft.

Um mit Mäusen zu arbeiten, brauchte man Platz. Es war undenkbar in den alten Räumlichkeiten des Institut Pasteur, wo die
Molekularbiologie ihre ersten Schritte getan hatte. Für die Entwicklung der Molekularbiologie sollte jedoch ein neues Gebäude

errichtet werden. Es würde erst Anfang der siebziger Jahre fertig sein. In der Zwischenzeit fuhr ich damit fort, mich mit Hedwig Jakob in der Züchtung von Säugetierzellkulturen zu üben.

Mein Enthusiasmus für die Maus-Forschung wurde sogar noch größer, als ich vom Vorhandensein eines Tumors mit außergewöhnlichen Eigenschaften bei diesem Organismus erfuhr: das Teratokarzinom, das in den Hoden mancher Inzuchtlinien von Mäusen gefunden wurde. Diese Tumoren können nacheinander von Maus zu Maus transplantiert werden. Außer den unterschiedlichsten differenzierten Zelltypen – aus Muskeln, Nerven, Drüsen, Herz etc. – enthalten sie einen undifferenzierten Zelltyp, der den Zellen frühreifer Embryonen gleicht. Mehreren Labors, darunter dem von Boris Ephrussi, war es gelungen, diese Zellen embryonalen Typs zu isolieren und in Reagenzgläsern zu erhalten. Wurden diese Zellkulturen über mehrere Monate bewahrt und dann wieder Mäusen injiziert, waren sie immer noch imstande, Tumore zu verursachen, in denen wiederum die unterschiedlichsten Zelltypen zu finden waren. Darüber hinaus gab es Hinweise darauf, daß die Zellen sich möglicherweise sogar in Reagenzgläsern differenzieren konnten. Diese Tumoren schienen mir folglich von außergewöhnlichem Interesse zu sein. Zunächst, weil es höchstwahrscheinlich möglich war, die Zelldifferenzierung gleichzeitig *in vitro* und *in vivo* beim Embryo zu untersuchen. Sodann, weil sich hier die Gelegenheit bot, eine Beziehung – die mir eng schien – zwischen Embryonen und Krebsbildung zu analysieren. Hier lag nämlich die einzige Erklärung, die ich für die Tatsache finden konnte, daß man in Krebszellen oft Moleküle, Proteine auftauchen sah, die beim ausgewachsenen Organismus nicht zu finden waren. Da solche Moleküle nicht einfach vom Himmel fallen konnten, mußten sie von Genen herrühren, die in bestimmten Entwicklungsphasen des Embryos, nicht jedoch beim Erwachsenen exprimiert wurden. Durch den Prozeß der Krebsbildung wurden wahrscheinlich manche der Regulationssysteme gestört, die in der Entwicklung des Embryos am Werk waren. Anhand des Teratoms, vielmehr des Teratokarzinoms der Maus, ließ sich diese Beziehung vielleicht genauer analysieren.

Also die Maus. Der Embryo und die Zellen. Gegen Ende der sechziger Jahre waren die Entscheidungen gefallen. Ich mußte jedoch warten, bis das für die Molekularbiologie bestimmte Gebäude am Institut Pasteur fertiggestellt war. Außerdem waren zwei Bedingungen zu erfüllen, um das ganze System in Gang zu bringen. Zunächst mußte das zukünftige Gebäude so gut wie möglich an die Arbeit mit der Maus angepaßt werden. Es war für die Forschungsgruppen aus der Molekularbiologie bestimmt, also für die Gruppen, die zu den Labors von André Lwoff, Jacques Monod und dem meinen gehörten. Sie alle hatten bislang mit Bakterien gearbeitet. Mit Ausnahme einer Gruppe, die damit begonnen hatte, das Polyomavirus und seine Reproduktion in Tierzellen zu untersuchen, hatte sonst noch niemand die Absicht geäußert, von den Bakterien zu irgendeinem komplexen Organismus überzugehen. Nun würde aber die Forschung über die Maus ganz offensichtlich eine gewisse kritische Masse erfordern. Ich fing also damit an, ein wenig Propaganda für die Maus zu machen, mit dem Hintergedanken, genügend andere Gruppen dafür zu interessieren, in diesem Gebäude eine Art Miniaturausgabe des Forschungsinstituts für die Maus zu verwirklichen.

Mehrfach diskutierte ich diese Fragen mit Jacques Monod. Er war noch nicht Direktor des Institut Pasteur, aber allen war klar, daß er es werden würde. Tatsächlich war seine Nominierung um mehrere Monate verzögert worden, und zwar aus einem erstaunlichen Grund: Staatspräsident Georges Pompidou stemmte sich dagegen. Denn Jacques hatte am Abend der Verleihung des Nobelpreises Jean Daniel vom *Nouvel Observateur* ein Interview gegeben. Darin hatte er die Wissenschaftspolitik der damaligen Regierung unter Pompidou kritisiert und behauptet, dieser interessiere sich nicht für die Wissenschaft. Wie alle Staatspräsidenten hatte Pompidou ein Elefantengedächtnis, und sein Zorn war der eines Rhinozeros. Er hat Jacques diese Bemerkung nie verziehen. Mehrere Monate lang widersetzte er sich seiner Nominierung. Eine überraschende Haltung, denn nach den Satzungen hat der Staatspräsident nichts mit der Nominierung des Direktors des Institut Pasteur zu tun. Überraschend außerdem, weil sein Gedächtnis manches doch auszublenden schien, zum Beispiel eine Bemerkung von de Gaulle. Als ein Minister einmal angeregt hatte, gewisse Veränderungen am Collège de France vorzunehmen, wies ihn der General zurecht: »Es gibt drei Dinge in Frankreich, an die man nicht rühren darf: das Collège de France, das Institut Pasteur und der Eiffelturm.«

Monod war nicht sehr begeistert von dem Gedanken, mich von den Bakterien zur Maus überlaufen zu sehen. Durchaus zu Recht meinte er, daß noch viel zu tun blieb, um Funktionsweise und Genetik der Bakterienzelle zu verstehen. Auch fand er es schade, daß Forschungsgruppen, deren Zusammenarbeit sich als effizient erwiesen hatte, jäh auseinandergerissen wurden. Und er fügte, immer noch sehr triftig, hinzu: »Die alten Gruppen werden geschwächt, und Sie werden sich isoliert in einer Welt wiederfinden, die Sie nicht gut oder gar nicht kennen.« Nach einigen Diskussionen fand er es aber schließlich nicht allzu unvernünftig, die Regulationssysteme bei höheren Organismen und namentlich bei der Maus anzugehen.

Blieb noch ein wichtiger Punkt mit ihm zu klären, ein Punkt, der geregelt wurde, sobald Jacques Direktor des Institut Pasteur geworden war: die Tierhaltung. In dieser Hinsicht war das Institut Pasteur damals sehr arm: wenig Plätze, schlechte Ausstattung. In dem im Bau befindlichen Gebäude für Molekularbiologie war im Kellergeschoß eine große Tierhaltung vorgesehen. Die Frage war: Welche Versuchstiere sollten dort untergebracht werden? Nach meinen Vorstellungen sollte die künftige Forschung über die Maus die Haltung mehrerer Inzuchtlinien von Mäusen umfassen, weiterhin die Haltung und Erforschung von Mutanten, die Lokalisierung von Mutationen durch Kreuzungen, die regelmäßige Produktion von Embryonen; kurz, es war eine Zucht von mehreren Zehntausenden von Tieren zu veranschlagen. Damals wurden die Tiere im Institut hauptsächlich von den Immunologen verwendet, und ihr bevorzugtes Versuchstier war das Kaninchen. Diese Immunologen, und vor allem ihr Oberhaupt, Jacques Oudin, der eine großartige Arbeit über immunologische Eigenschaften und Struktur der Antikörper leistete, wollten natürlich ihre Kaninchen in der Tierhaltung der Molekularbiologie unterbringen und diese damit nahezu füllen. Daher der unvermeidliche Konflikt: Kaninchen – Mäuse. In welchem Verhältnis sollten sie stehen? Für Jacques Oudin mußten sämtliche Kaninchen des Instituts dort untergebracht werden. Für mich eine ganze Armee von Mäusen. Es gab viele Diskussionen und einige heftige Wortwechsel.

Glücklicherweise ergab sich für Oudin aus seiner Arbeit, daß die Gene direkt in die Synthese der Antikörper verwickelt waren. Da es keine genetische Forschung zum Kaninchen gab, räumte er nach und nach ein, daß für genetische Untersuchungen die Maus vorteilhafter sein könnte als das Kaninchen. Als Monod Direktor geworden war, entschied dieser schließlich zugunsten der Maus. Ein junger Veterinärmediziner, Jean-Louis Guénet, wurde eingestellt, um die Tierhaltung zu leiten. Er war sehr aktiv, sehr an der Genforschung bei der Maus interessiert und machte aus der Tierhaltung ein erstaunliches Werkzeug.

Eine letzte Schwierigkeit blieb. In unserer Gruppe, die auf die genetische Analyse der Bakterien spezialisiert war, waren alle damit einverstanden, den Sprung zu wagen und den Mausembryo zu erforschen. Aber niemand hatte Erfahrung, weder in Embryologie noch mit Mäusen. So mußten wir alle lernen. Zum einen fuhren zwei Forscher, die schon lange mit mir arbeiteten, Charles Babinet und Hubert Condamine, zu einem Forschungsaufenthalt, der eine nach England, der andere in die Vereinigten Staaten, in Laboratorien, die auf die Forschungen zur Embryonalentwicklung bei der Maus spezialisiert waren. Zum anderen stieß Robert Fauve zu uns, ein ehemaliger Schüler von René Dubos in New York, der seine Kompetenz in Mäusezucht und Pathophysiologie der Maus mitbrachte.

So bildete sich nach und nach eine neue Forschergruppe. Und als im Januar 1972 das neue Gebäude bezugsfertig war, machte sich diese ganze Truppe wacker an die Erforschung des Embryos und des Teratokarzinoms bei der Maus. Ein neues Leben begann. Es begann in dem Moment, wo die Erforschung der höheren Organismen durch die Gentechnologie umgewandelt wurde. Und das sollte unsere Vorstellung von der lebenden Welt vollständig umwälzen.

KAPITEL IV
DER BAUKASTEN

Unter den Helden der griechischen Mythologie nahm Dädalus eine Sonderstellung ein. Gleichzeitig Architekt, Schmied, Bildhauer und Ingenieur, war er ebenso geschickt in der Bearbeitung von Eisen wie von Holz. Er war Nachkomme des Königshauses von Athen und hatte seine Kunst von Athene persönlich empfangen. Dädalus erhob Anspruch auf zahlreiche Erfindungen. Sie wurden ihm jedoch von vielen in Athen streitig gemacht. Er hatte in seiner Werkstatt einen Lehrling, Talos, der auch sein Neffe war. Obwohl dieser erst zwölf Jahre zählte, hatte der Schüler den Meister schon an Erfindungsgeist und Einfallsreichtum übertroffen. Eines Tages bemerkte Talos, der einen Schlangenkiefer gefunden hatte, daß er diesen verwenden konnte, um einen Stock zu durchtrennen. Er fabrizierte eine Art Kiefer mit Eisenzähnen: Er hatte die Säge erfunden. Diese Erfindung zusammen mit anderen wie der Töpferscheibe oder dem Zirkel sicherte ihm trotz seiner Jugend ein außergewöhnliches Ansehen. Dädalus behauptete, selbst die erste Säge geschmiedet zu haben. Bald wurde er von Neid zerfressen. Unter dem Vorwand, ihm eine architektonische Einzelheit zeigen zu wollen, führte er Talos eines Tages auf das Dach eines Tempels und stieß ihn in die Tiefe. Des Mordes angeklagt, mußte Dädalus fliehen. Er flüchtete nach Kreta.

In Knossos kannte man nur den »brillanten« Dädalus und seine außergewöhnlichen handwerklichen Fähigkeiten. König Minos empfing ihn daher mit offenen Armen und gab ihm die Mittel, seine Talente zu entfalten. Interessanterweise stellte Dädalus seine Kunst nicht in den Dienst irgendeiner Ideologie oder des persönlichen Ehrgeizes. Tatsächlich half er nur den anderen, ihre verrücktesten Vorhaben zu verwirklichen. So kam eines Tages die Frau von Minos, Pasiphaë, zu ihm und bat ihn um seine Hilfe. Sie hatte sich unsterblich in einen prächtigen weißen Stier verliebt, den Poseidon geschickt hatte, um sich an Minos für einen gebrochenen Schwur zu rächen. Sie flehte Dädalus an, ihr die Mittel an die Hand zu geben, ihre Leidenschaft zu stillen. Dädalus baute sogleich eine Kuh aus Holz, innen hohl, bedeckt von der Haut einer wirklichen Kuh. Dann erklärte er Pasiphaë, wie sie zu verwenden sei: Sie sollte die im Rücken der Kuh eingelassene Tür öffnen und ins Innere gleiten, und dabei mit ihren Beinen in die Hinterbeine der Kuh schlüpfen. Woraufhin Dädalus sich diskret zurückzog. Pasiphaë folgte den Anweisungen. Lüstern kam ihr geliebter Stier angestürmt und paarte sich mit der Kuh. Entsprechend der damaligen Genetik brachte Pasiphaë einige Monate später den Minotaurus zur Welt, ein Wesen mit Menschenkörper und Stierkopf, das sich nur von Menschenfleisch ernährte.

Als nächstes mußte Dädalus den Wünschen von Minos nachkommen. Erzürnt über die Treulosigkeit seiner Ehefrau, ließ der König Dädalus ein Gefängnis bauen, dessen Gänge ein derart kompliziertes Netzwerk bildeten, daß niemand, der einmal hineingegangen war, wieder hinausfinden konnte. In dieses Labyrinth wurde der Minotaurus eingesperrt. Jeden Monat führte

der mit seiner Ernährung betraute Dädalus ihm sieben Jüng-
linge und sieben Mädchen zu, die von der Stadt Athen gestellt
werden mußten.

Nach dem Vater und der Mutter war es nun die Tochter, Ariadne, deren Wünsche Dädalus erfüllen sollte. Entschlossen, den
Minotaurus zu töten und Athen von dem schrecklichen Tribut zu
befreien, hatte sich Theseus unter die dem Monster ausgelieferten jungen Männer geschlichen. Zu seinem Glück hatte Ariadne
ihn bemerkt und sich in ihn verliebt. Sie flehte Dädalus an, Theseus zu helfen, aus dem Labyrinth herauszufinden. Sogleich trat
der Architekt in Aktion. Er gab Ariadne ein Garnknäuel und
sagte ihr, wie es zu verwenden sei. Sie sollte draußen an der Tür
warten und ein Ende des Fadens halten, während Theseus mit
dem anderen Ende in der Hand ins Labyrinth vordrang. Theseus
tötete den Minotaurus und konnte, seinem Faden folgend, ohne
weiteres wieder hinausgelangen. Wütend ließ Minos Dädalus
mit dessen Sohn Ikarus in das Labyrinth einsperren. Die Fortsetzung ist bekannt: Um zu entfliehen, fertigte Dädalus aus Vogel-
federn und Bienenwachs Flügel an, die Vater und Sohn an ihren
Schultern befestigten; trotz der väterlichen Ermahnungen, tief
zu fliegen, erhob sich Ikarus, berauscht von Stolz, Macht und Geschwindigkeit, benommen von Luft und Sonne, hoch in die Lüf-
te, stürzte ab und ertrank vor den Augen seines hilflosen Vaters.

In den griechischen Mythen ist Dädalus nie die Hauptfigur,
sondern ein Gehilfe. Doch er spielt oft eine entscheidende Rolle.
Er verkörpert die Technik, mit der es möglich ist, zur Herrschaft
über die Welt zu gelangen. Auf alle praktischen Fragen hat er
eine Antwort. Eines Tages bittet ihn ein Freund, ein schwieriges
Problem zu lösen: nämlich einen Faden durch ein gewundenes
Schneckenhaus zu führen. Auf der Stelle findet Dädalus die Lösung. Er bindet einen sehr dünnen Faden an einer Ameise fest.

Dann bohrt er ein Loch in die Spitze des Schneckenhauses und streicht Honig um den Rand des Loches. Die ins Schneckengehäuse gesetzte Ameise durchläuft sofort mit großer Geschwindigkeit alle Windungen und kommt aus dem Loch heraus, um sich am Honig zu laben.

Dädalus ist zwar ein großartiger Techniker, doch ist er immer nur ein Techniker: einer, der seine Technik in den Dienst seiner Gebieter stellt. Er selbst sucht nicht die Macht. Er versucht nicht, seinen Ehrgeiz oder eine Leidenschaft zu stillen. Im Gegensatz zu den Helden, denen er dienen muß und die zur Erreichung ihrer Ziele vor keiner Übertretung zurückschrecken, bleibt Dädalus immer im Rahmen von Gesetz und Ordnung. Nie läßt er sich hinreißen durch das, was die Griechen *hybris* nannten.

Hybris ist Vermessenheit und zieht Unordnung nach sich. Sie ist rasender Übermut, der Streit und Verwirrung auslöst. Wie Jean-Pierre Vernant sagte[1], werden die Menschen durch Hybris dazu geführt, die Götter herauszufordern und sich über die menschlichen Gesetze zu stellen. Prometheus beispielsweise wird durch Hybris dazu getrieben, sich Zeus zu widersetzen. Über das Wissen strebt Prometheus nach Macht. Jede List ist ihm recht, um sein Ziel zu erreichen.

Nichts von alldem findet sich bei Dädalus. Er versteht sich als Ingenieur und als der beste aller Ingenieure. Dafür zögert er nicht, denjenigen umzubringen, den er als seinen Rivalen betrachtet. Doch Dädalus tötet Talos nicht unter dem Einfluß der Hybris. Dieser Mord ist das Werk eines kleinen Gauners, der einem anderen seine Entdeckung stehlen will, eines heimtückischen und hinterhältigen Ganoven. In diesem Akt liegt keine Auflehnung gegen die Götter, keine Übertretung göttlicher Ge-

---

1 Jean-Pierre Vernant, *Mythe et pensée chez les Grecs*, Paris 1965.

setze, noch wird damit versucht, Hierarchien, Regeln und Werte umzustürzen.

Doch wenn Dädalus auch nie den Kopf verliert, sich nie gehen läßt, nie vermessen wird, wenn er auch die moralischen und religiösen Gefühle respektiert, die, vermittelt durch den Willen der Götter, das Leben der Menschen regeln, so stellt er sich doch den anderen voll und ganz zur Verfügung. Seine Kunst ermöglicht seinen Auftraggebern, sich der eigenen Hybris zu überlassen. Dank Dädalus und seiner Technik können Pasiphaë, Minos, Theseus und sogar Ikarus sich ihren wahnsinnigen Unternehmungen hingeben und ihre Leidenschaften bis zum Ende verfolgen. In diesem Sinne symbolisiert Dädalus ein Übel unserer heutigen Zeit: der gewitzte Techniker, der sein Talent in den Dienst der verschiedensten Ideologien stellt, ohne sich mit ihrem Inhalt oder ihrer Qualität auseinanderzusetzen. In Dädalus ist die »gewissenlose Wissenschaft« vorgezeichnet.

Für die Griechen war Hybris das Böse. Eine der Hybris ausgelieferte Welt war eine verkehrte Welt, eine der Unordnung preisgegebene Welt. Eine Welt, in der die bloße Kraft Recht sprach, in der die Menschen dem nackten Leiden und Unglück ausgeliefert waren. Wie Lewis Thomas[2] bemerkte, läßt sich mit dem Wort »Hybris«, diesem alten griechischen Wort, vielleicht am besten die Angst, die Furcht ausdrücken, die sich seit einigen Jahren in der öffentlichen Meinung gegen Wissenschaft und Wissenschaftler regt. Hybris bezeichnet nicht allein, was vielen als unerträgliche Provokation von seiten der Wissenschaftler erscheint. Auch alle negativen Begleiterscheinungen der Wissenschaften und Technologien fallen darunter, die am Ende dieses Jahrhunderts die Zukunft unseres Planeten und seiner Bewohner

2 Thomas, a. a. O., S. 65.

bedrohen: die friedliche und unfriedliche Nutzung der Atom-
energie; die Auswüchse der Industrie, Luftverschmutzung, Treib-
hauseffekt, Ölbohrungen in den Weltmeeren; kurz, alles, was als
verantwortlich für die Zerstörung unserer Welt angesehen wird.

Die öffentliche Mißbilligung hat sich lange auf die Physik und
ihre Technologien beschränkt. Die Biologie wurde als Hilfs-
wissenschaft, wenn nicht gar als treibende Kraft der Medizin angesehen und blieb von Vorwürfen verschont. Trug sie doch zu
den Anstrengungen bei, die seit jeher von der Menschheit unternommen worden waren, um Krankheit, Schmerz und Elend zu
besiegen. Doch seit einigen Jahren wird die Biologie genauso
verurteilt wie die Physik und ihre Technologien. Die öffentliche
Meinung klagt an, was immer in ihren Augen für die Beschä-
digung der Welt verantwortlich ist; alles, was für sie zum Wahnsinn der Wissenschaft und ihrer Hybris gehört. Bei dieser An-
klage werden Realitäten und Phantasmen unterschiedslos in
einen Topf geworfen: die Herrschaft der Chemie über den Willen
des Menschen, Transplantationen verschiedenster Organe, die
Überbevölkerung, das Klonen von Individuen und die Erzeugung ein und derselben Persönlichkeit in Tausenden von Exemplaren ausgehend von einem Stückchen Haut, die Produktion
von Babys in vitro und vor allem die Genmanipulation und
Erzeugung von Monstren. Schon die Vorstellung, einem Organismus Gene zu entnehmen, um sie in einen anderen wieder
einzusetzen, erscheint vielen anstößig. Mit dem Begriff der
rekombinanten DNA verbindet man etwas Mysteriöses und
Übernatürliches. Er läßt den Schrecken wiederaufleben, der mit
der verborgenen Bedeutung der Monstren verknüpft ist, und
läßt den Widerwillen zutage treten, den der Gedanke an zwei
wider die Natur vereinigte Wesen hervorruft.

Vor ungefähr zwanzig Jahren wurde der von Bewunderung und Besorgnis ergriffenen Welt in den Schlagzeilen aller Zeitungen das neueste Wunder der Wissenschaft verkündet: die Erzeugung eines Retortenbabys. In England war die Geburt eines Kindes gelungen, dessen Empfängnis neun Monate zuvor nicht auf klassischem Wege, sondern in einem Reagenzglas stattgefunden hatte. Wie von der Weltpresse sogleich verkündet, würde dieses Ereignis nicht nur Biologie und Medizin revolutionieren, sondern die gesamte Gesellschaft. Jahrtausendelang hatte man versucht, Lust zu genießen, ohne ein Kind zu bekommen. Und nun bekäme man Kinder, ganz ohne Lust!

Von der gesamten Presse wurde die Neuigkeit als eine noch nie dagewesene Leistung der Wissenschaften vom Leben betrachtet. Und doch bestand die ganze Neuheit darin, auf den Menschen Forschungsresultate anzuwenden, die schon fünfzehn Jahre zuvor bei der Maus gewonnen worden waren, dem Versuchstier, das dem Menschen am nächsten steht. Bei der Maus hatte man nach und nach gelernt, Spermatozoen und Eizellen zu entnehmen, sie zu vermischen und in Reagenzgläsern eine Verschmelzung zwischen beiden durchzuführen; die so entstandenen Embryonen dann wieder in Leihmuttermäuse einzupflanzen; die Embryonen einzufrieren, sie Jahre später wieder aufzutauen und erneut einzupflanzen, wodurch die Grenzen zwischen den Generationen verwischt wurden; kurz, man beherrschte es schon vollkommen, bei der Maus die Entwicklung des Embryos einzuleiten.

Grundlagenwissenschaft und Anwendungen unterscheiden sich darin, daß man bei letzteren weiß, was man finden wird, während es bei ersterer völlig unbekannt ist. Bei den Anwendungen geht es darum, die Details auszufeilen, die Ausführung eines gegebenen Plans zu verbessern. In der Grundlagenwissenschaft wird dagegen versucht, zur grundlegenden Erkenntnis zu

gelangen. Im Fall des Retortenbabys ging es im wesentlichen
darum, die Anwendungsbedingungen der bei der Maus erworbe-
nen Erkenntnisse beim Menschen genauer zu bestimmen. Man
mußte wissen, zu welchen genauen Zeiten die Eizellen entnommen werden konnten und welche Hormondosen zu verwenden
waren, um das gewünschte Resultat zu erhalten. Nicht nur war
das gesuchte Ziel bekannt, sondern man konnte auch seine weiteren Entwicklungen und Erweiterungen vollkommen voraussehen, ja sogar die Begleiterscheinungen: das Einfrieren von
Embryonen und die Wiedereinpflanzung bei verschiedenen
Leihmüttern; die Erzeugung von Embryonen mit dem Sperma
verstorbener Individuen; Kinderwunsch bei Frauen oder Paaren,
deren Lebensbedingungen für die Entwicklung von Kindern wenig geeignet sind; Handel mit Embryonen; Verwischung der
Grenzen zwischen den Generationen, da der Großneffe seiner
Urgroßtante ein Kind machen kann etc. Anfang der siebziger
Jahre nahm ich an einem Kolloquium über die Fortpflanzung der
Maus teil. Abends nach dem Essen malten sich die Teilnehmer in
sehr ungezwungenen Diskussionen aus, wie die Anwendungs-
möglichkeiten der bei der Maus eingesetzten In-vitro-Befruch-
tungsmethoden bei der menschlichen Spezies aussehen würden.
Sie stellten sich auch die Situationen und Phantasien vor, zu denen die In-vitro-Befruchtung beim Menschen zwangsläufig
führen würde.

Die Geburt des ersten Retortenbabys wurde also mit lebhaf-
tem Beifall begrüßt. Und doch handelte es sich im Grunde nur
um eine geringfügige Modifikation des gewöhnlichen Prozesses.
Um eine kleine Variante bei der ersten aus einer Kette von Hun-
derttausenden Reaktionen in der Entwicklung eines Embryos.
Nur darum, daß der übliche Ort des Zusammentreffens von
Spermatozoen und Ei, nämlich der Eileiter, durch einen Pla-

stikbehälter ersetzt worden war. Aber es kann sehr gut sein, daß
man es nicht dabei beläßt. Schon spricht man davon, die Phase
im Reagenzglas auf die Stadien nach der Befruchtung auszudeh-
nen. Manche gehen sogar so weit vorauszusagen, daß die gesamte Entwicklung des Embryos, die gesamten neun Monate fötalen
Lebens, wie im Roman *Schöne neue Welt* in Behältern mit immer
raffinierteren Kulturmedien realisiert werden könnten. Der Tag,
an dem es soweit ist, wird dann von neuem Gelegenheit zu Bei-
falls- und Entrüstungsstürmen geben. Wieder werden die
Schlagzeilen ins Kraut schießen. Einige Wissenschaftler werden
abdanken, um zu demonstrieren, daß man nun entschieden zu
weit gegangen sei und diese Forschungen eingestellt werden
müssen, da sie zum Untergang der Menschheit führen. Die
Ethikkomitees werden spezialisierte Unterkomitees einrichten.
Parlamente werden die Frage mit großer Dringlichkeit verhandeln und die Gelegenheit ergreifen, einen Stapel neuer Gesetze
zu beschließen.

Aber das Außergewöhnliche bei der Geburt eines Kindes, das
Phantastische, besteht nicht in der Beschaffenheit des Gefäßes,
in dem die erste Phase stattfindet. Es bestünde noch nicht einmal
darin, daß es gelänge, den ganzen Prozeß in einem künstlichen
Gefäß ablaufen zu lassen. Das Unglaubliche ist der Prozeß selbst.
Daß vom Zusammentreffen eines Spermatozoen mit einem Ei
eine gewaltige Reihe von Reaktionen ausgelöst wird, hunderttausende sich ablösende, überlagernde und kreuzende Reaktionen, die ein erstaunlich komplexes Netzwerk bilden. Und daß
das Ganze, unter welchen Bedingungen auch immer, zum Erscheinen eines menschlichen Säuglings führt und niemals dem
einer kleinen Ente, einer kleinen Giraffe oder eines kleinen
Schmetterlings. Das Unglaubliche besteht darin, daß nach der
Befruchtung die erste Zelle, das befruchtete Ei, sich zu teilen be-

ginnt. Was zwei Zellen ergibt. Dann vier. Dann acht. Dann eine kleine Traube von Zellen. Und daß diese Traube sich dann an die Gebärmutterwand hängt, länger wird, wächst und einige Monate später einen Säugling bildet, der in mehr als fünfundneunzig Prozent der Fälle mit allem versehen ist, was er braucht, um zu leben, die Welt zu durchstreifen und sogar um zu denken. Dies ist das Wunder. Dies ist das erstaunlichste Phänomen, das sich auf dieser Welt abspielt. Derart erstaunlich, daß es für alle Menschen Gegenstand einer tiefen Verwunderung sein müßte. Und sie sich nach den Mechanismen fragen müßten, die einem solchen Wunder zugrunde liegen.

Dafür interessiert sich jedoch niemand außer einigen wenigen Fachleuten. Niemand spricht darüber. Vor allem nicht die Presse. Es ist uns dermaßen vertraut, wir sind daran gewöhnt, neun Monate nach der Liebe ein Baby auftauchen zu sehen, daß wir uns kaum Fragen stellen über die Ereignisse, die zwischen den beiden Episoden liegen. Eine Naturgegebenheit, denkt man. Das ist nun einmal so. In Wirklichkeit blieb dieser Prozeß lange Zeit vollkommen rätselhaft. Bis vor kurzem wußte man noch so gut wie nichts von den Kräften und Mechanismen, die hier im Spiel sind. Erst seit einigen Jahren kommt allmählich der ein oder andere Aspekt dieses ursprünglichen Rätsels ans Licht. Das geht zurück auf eine erst kürzlich erfolgte Veränderung unseres Blicks auf die Lebewesen, ihre Struktur und Funktionsweise. Auf eine grundlegende Veränderung unserer Vorstellung von der lebenden Welt.

Nicht weniger aufschlußreich ist eine andere Geschichte: der Krebs. Eifersüchtig auf das Prestige, das John F. Kennedy sich durch das Mondflugprogramm erworben hatte, nahm sich Präsident Nixon in den siebziger Jahren einen anderen Mythos vor und erklärte dem Krebs den Krieg. Wenn er die erforderlichen

Mittel bereitstellte, so beschloß er, wäre der Krebs in fünf Jahren besiegt. Die Folgen sind bekannt: Viel Geld wurde ausgegeben, ohne daß irgendein Resultat dabei herauskam. Für den Flug zum Mond hatte man das ganze konzeptuelle Rüstzeug seit langem schon beisammen gehabt. Nur Mittel, Organisation und Entschlossenheit mußten noch dazukommen. Beim Krebs dagegen war kein einziger der grundlegenden Mechanismen der Koordination von Zellteilung und Zelldifferenzierung bekannt. Die Anstrengungen konnten also nur vergeblich sein. Aber Anfang der achtziger Jahre begann sich die Landschaft zu wandeln. Was bislang als letzte Errungenschaft auf dem Gebiet der Krebsforschung gegolten hatte, war plötzlich veraltet. Und in einem Forschungsgebiet, das bisher von den begabtesten Studenten sorgsam gemieden worden war, begannen sich plötzlich die talentiertesten Köpfe zu tummeln. Die Krebsforschung wurde zu einem der aufregendsten und vielversprechendsten Aspekte der Biologie.

Worauf ging diese Umwälzung zurück? Sicherlich nicht auf eine administrative Entscheidung. Auch nicht auf eine massive Finanzspritze à la Nixon. Es war nur in der Grundlagenforschung etwas geschehen, was hier von Zeit zu Zeit geschieht: eine Reihe erstaunlicher Überraschungen war eingetreten, die nicht Resultat irgendeines Projekts, irgendeiner Planung sein konnten. Diese Überraschungen bestanden in den Auswirkungen einer Gentechnologie, die auf Fragen der biologischen Grundlagenforschung angewandt worden war. Mit Hilfe der Gentechnologie – selbst Ergebnis einer riesigen Überraschung Ende der sechziger Jahre – konnte ein Gen aus einem beliebigen Organismus isoliert und in einen anderen wieder eingesetzt werden. Damit ließen sich nun auch einige Gene aus Krebszellen gewinnen, die, in eine normale Zelle injiziert, diese zur Krebszelle

machten. Es gab also »Krebsgene« oder »Onkogene«. Später
wurden andere Gene, sogenannte »Anti-Onkogene« gefunden,
die die Wirkung der Onkogene hemmten. Kurz, ein ganzes Gen-
arsenal wurde entdeckt; erwartungsgemäß hing es eng mit jenem Genspektrum zusammen, das für die genaue Regulation
von Zellteilung und Zelldifferenzierung verantwortlich ist. Onkogene begünstigen die Zellvermehrung. Anti-Onkogene brem-
sen sie. Krebsbildungen sind zurückzuführen auf einen Überschuß an Onkogenen oder einen Mangel an Anti-Onkogenen.
Zum ersten Mal wurde die Krebsforschung ein ernstzunehmen-
des Forschungsgebiet. Zum ersten Mal fing man an, die der Ma-
lignität einer Zelle zugrundeliegenden Mechanismen zu durch-
schauen. Zum ersten Mal konnte man die – wenn auch noch sehr
ferne – Möglichkeit in Betracht ziehen, in diese Mechanismen
einzugreifen. All dies war Folge einer neuen Art und Weise, die
Zelle zu betrachten und zu erforschen. Einer Veränderung in der
Vorstellung vom Lebewesen.

Und genau dies ist die Funktion der Wissenschaft, eine Darstellung der Welt, der Lebewesen und Dinge hervorzubringen,
die bestimmten Anforderungen genügt: die Oberfläche der Gegenstände, ihre Erscheinung, hinter sich zu lassen und so tief wie
möglich vorzudringen; soweit wie möglich die Illusionen abzu-
schütteln, die uns von der Natur unserer Sinne und unseres Gehirns auferlegt werden. Sie sind das Ergebnis der Evolution. Bei
jedem Organismus sind sie seiner spezifischen Lebensweise angepaßt. Die dem Menschen von der Evolution mitgegebene Ausstattung ermöglicht ihm, auf dieser Erde zu leben, in der uns
umgebenden Welt die Gegenstände der alltäglichen Realität
auszumachen, umzugehen mit einer erinnerbaren Vergangenheit
und einer vorstellbaren Zukunft. Sobald man diese in unserer unmittelbaren Erfahrung wahrgenommene Welt verläßt, sobald

man sich von den Gegenständen in mittlerer Dimension entfernt, kann das Gehirn nicht mehr folgen. Dies haben die Physiker im Laufe dieses Jahrhunderts bemerkt, als sie versuchten, das
unendlich Kleine und das unendlich Große zu analysieren.

Man könnte sagen, daß der Wissenschaftler in zwei Welten
lebt. Einerseits der gewöhnlichen Welt, der öffentlichen Welt,
die er mit den anderen Menschen teilt. Andererseits einer privaten Welt, wo die Forschung stattfindet; einer Welt mit ihren eigenen Leidenschaften, Freuden und Verzweiflungen, in der man
zum Himmel aufsteigen oder zur Hölle hinabfahren kann. Je
nach Individuum oder Disziplin liegen die beiden Welten weiter
voneinander entfernt oder näher beisammen. Eifersucht, Kon-
kurrenz und Anerkennungsbedürfnis sind Kräfte, die zur gewöhnlichen Welt gehören, aber dazu beitragen, die Individuen
in die private Welt der Forschung zu treiben. Und ebenso sind
Träume und Triumphe in dieser privaten Welt durchsetzt mit
den weniger edlen Bestrebungen nach Belohnung in der gewöhnlichen Welt.

Durch Theorien, Hypothesen und Berechnungen werden die
Darstellungen der Physik konstruiert, und erst anschließend
wird ihr Verhältnis zur »Realität« ermittelt. Die Schlußfolgerungen, zu denen Quantentheorie und Relativitätstheorie gelangen, widersetzen sich unserem intuitiven Raum- und Zeit-
empfinden. Zahlreiche durch Berechnungen erhaltene Resultate
haben kaum noch einen Sinn, wenn sie in die Alltagssprache
übersetzt werden. So zum Beispiel die Vorstellung, daß man sich
schließlich verjüngt, wenn man sich schnell und weit genug
durch die Galaxien fortbewegt. Oder der Gedanke, daß ein Elek-
tron sowohl Welle als auch Korpuskel ist, gleichzeitig hier und
dort existieren kann. Oder am anderen Ende des Spektrums:
daß unser Universum einen Durchmesser von ungefähr (!) zehn

Milliarden Lichtjahren hat. Daß es aus einem Urknall hervorgegangen ist, bei dem eine unendlich dichte Energie sich plötzlich
ausgedehnt hat. Daß einige hundertstel Sekunden über das
Schicksal unseres Weltalls entschieden haben. Daß unsere Galaxie sich mit einer Geschwindigkeit von ungefähr fünfhundert
Kilometern pro Sekunde fortbewegt. Alle diese Erkenntnisse
stammen aus komplexen mathematischen Ableitungen. Sie haben nur Sinn für den Wissenschaftler, und der hält es für unnötig,
diese Formeln in die Alltagssprache zu übersetzen. Und so hat
sich ein Abgrund aufgetan zwischen dem Physiker, der durch
Berechnungen Zugang zu einer die Vorstellungskraft überstei-
genden Realität erhält, und einer Öffentlichkeit, die eine Realität zu erfassen versucht, deren mathematische Evidenz den Sin-
nesgegebenheiten widerspricht.

Der Abstand zwischen der Darstellung eines von der Physik
konstruierten Objekts und derjenigen Darstellung, die unsere
Sinne uns liefern, wird sehr anschaulich, wenn der englische
Astrophysiker Sir Arthur Eddington[3] seine »zwei Tische« beschreibt. Der erste, sein »vertrauter Tisch«, ist ein Möbelstück
aus Holz, eine Tischplatte mit vier Beinen; es ist der alltägliche
Gegenstand, er besteht aus einer »Substanz«, auf die Eddington
sich beim Schreiben stützt. Der zweite Tisch ist der »wissenschaftliche Tisch«, eine Art leerer Raum, in dem verschiedene
Elementarteilchen mit großer Geschwindigkeit zirkulieren.
Zum Schreiben stützt Eddington die Leere seines wissenschaftlichen Ellbogens auf die Leere seines wissenschaftlichen Tisches.
Die von der Physik gebildete Darstellung eines Objekts ist demnach eine theoretische Konstruktion. Sie ist das Resultat von Hypothesen, die über die Jahrhunderte zusammengetragen wurden.

3 Sir Arthur Eddington, *The Nature of the Physical World*, 1963, S. XI.

Die Welt der Physik besteht aus Abstraktionen, aus Symbolen. Dies bedeutet nicht, daß jedes Symbol ein bestimmtes Bruchstück der Alltagswelt repräsentiert. Noch nicht einmal ein Element, das sich in Begriffen der sinnlichen Erfahrung erklären ließe. Es ist so ähnlich wie bei der Schrift, wo die Zeichen des geschriebenen Wortes das Ding symbolisieren, das dieses Wort repräsentiert.

Die Biologie ist noch nicht so weit. Sie enthält viele Verallgemeinerungen, aber recht wenig Theorien. Die wichtigste davon ist die Evolutionstheorie, denn in ihr sind eine Masse von Beobachtungen aus den unterschiedlichsten Bereichen zusammengefaßt, die ohne sie vereinzelt dastehen würden; weiterhin verbindet sie alle Disziplinen, die sich für die Lebewesen interessieren; und schließlich begründet sie eine Ordnung der außerordentlichen Vielfalt der Organismen; kurz, sie bietet uns eine kausale Erklärung für die lebende Welt und ihre Heterogenität. Physikalische Theorien wie die Relativitäts- oder Quantentheorie werden vom Publikum nicht verstanden, aber sie werden auch nicht diskutiert oder bestritten. Mit der Evolutionstheorie verhält es sich ganz anders. Alle Welt glaubt sie zu verstehen. Sie wird angezweifelt und oft aus unsachlichen Gründen abgelehnt. Ähnlich wie die Physik versucht jedoch auch die Biologie mit ihren Theorien eine Darstellung ihrer Objekte, der lebenden Organismen, zu konstruieren.

Für den Biologen gibt es demnach zwei Typen von Organismen, zweierlei Hunde zum Beispiel. Der erste ist der »Alltagshund«, den man streichelt, nach dem man pfeift und mit dem man spazierengeht. Der zweite, der »biologische Hund«, ist eine Art abstrakte Kreatur, konstruiert entsprechend den geltenden Theorien und in demselben Maße veränderlich, wie diese modifiziert werden. Zu Beginn unseres Jahrhunderts ist der »biolo-

gische Hund« vor allem »kolloidal«. Er besteht aus einem Klon,
einer Ansammlung unterschiedlicher Zelltypen, aus Muskel-,
Nerven-, Drüsenzellen usw., die alle aus der Teilung ein und derselben Anfangszelle hervorgegangen sind, dem befruchteten Ei.
Die Zelle ist so etwas wie ein Sack voller Enzyme, den Katalysa-
toren chemischer Reaktionen, und diese schwimmen in einem
Tropfen »kolloidaler Flüssigkeit«, einer Art Gelee, das die Aktivität der Enzyme begünstigt. Auf den Chromosomen liegende
Gene bestimmen ohne jede Verbindung zu den Zellen die Merkmale des Organismus. Der »biologische Hund« wird dementsprechend von mehreren wissenschaftlichen Disziplinen analysiert, die oft gar nichts voneinander wissen. So findet man auf
derselben Etage, manchmal Tür an Tür, einen Biochemiker und
einen Genetiker, die nicht miteinander sprechen.

In der Mitte des 20. Jahrhunderts wird unser »biologischer
Hund« molekular. Biochemiker und Genetiker arbeiten nun
eng zusammen und am gleichen Material, dem einfachsten in
der lebenden Welt: Bakterien und Viren. Innerhalb weniger Jahre wandelt sich die Landschaft. Die Enzyme sind Proteine. Jedes
Protein besteht aus einer bestimmten Aminosäurensequenz. Die
Gene sind Segmente der DNA-Doppelhelix. Jedes Gen besteht
aus einer bestimmten Sequenz von Nukleotiden. Das Gen enthält die Information, die die Struktur eines bestimmten Proteins
festlegt. Mit anderen Worten, die Nukleotidsequenz in der
DNA definiert die Aminosäurensequenz des Proteins, also dessen dreidimensionale Struktur. Die Maschine zur Produktion
des Proteins wird bis ins einzelne erhellt und in ihre beiden
Etappen zerlegt: Umschrift des Gens in Messenger-RNA, Übersetzung des Messenger in eine Peptidkette. Die Genexpression
wird durch Regelkreise moduliert, an denen verschiedene Moleküle beteiligt sein können; diese sind imstande, die Aktivität

eines Gens in spezifischer Weise in Gang zu setzen oder zu hemmen.

Die Biologie sagt uns, daß von unseren beiden Hunden der »molekulare Hund« der wirkliche ist. Der »Alltagshund« ist nur ein blasser Widerschein, ist nur der unseren Sinnen zugängliche Aspekt. Mit der Sinnesausstattung, die uns die Evolution mitgegeben hat, können wir Kopf, Beine und Rumpf des Hundes wahrnehmen. Nicht jedoch die Zellentrauben und Molekülpakete, aus denen unser Hund für den Biologen besteht. Um auch nur einige andere Aspekte des »molekularen Hundes« wahrzunehmen, bräuchten wir eine andere Sinnesausstattung, ein anderes Gehirn. Wenn wir jedoch die Funktionsweise des Hundes verstehen wollen, wissen wollen, woher er stammt, wie er bei einer Krankheit zu behandeln ist, müssen wir auch den molekularen Hund in Betracht ziehen.

So hat sich in der zweiten Hälfte dieses Jahrhunderts die Biologie vollständig erneuert. Die heute gültige Darstellung von den lebenden Organismen ist allerdings in zwei Etappen aufgebaut worden. In den fünfziger Jahren konnten vor allem in der Analyse des intermediären Stoffwechsels eine Reihe erstaunlicher Erfolge verbucht werden. Dabei hat sich herausgestellt, daß einerseits die Nährstoffe, die Zucker zum Beispiel, schrittweise von einer chemischen Reaktion nach der anderen in einfachere Bruchstücke zerlegt werden. Bei jeder chemischen Reaktion wird gleichzeitig Energie freigesetzt, die für andere Reaktionen verwendbar ist. Zum anderen dienen die Bruchstücke der so zerlegten Nährstoffe als Baumaterial für die Zellbestandteile. In beiden Fällen hat man es mit linearen Reaktionsketten zu tun, mit Abfolgen, bei denen jede Etappe von einem spezifischen Enzym katalysiert wird. Ein wenig wie bei den Montagebändern in einer Automobilfabrik. Daher der Gedanke, daß die biologischen Phänomene bei unserem »molekularen Hund« linearen Transformationsprozessen entsprechen, die in aufeinanderfolgenden Etappen verlaufen. Jedes Enzym, jedes Protein hat eine einzigartige Struktur oder Aminosäuresequenz. Die chemischen Eigenschaften des Proteins beruhen auf einer spezifischen Erkennungsstelle, durch die es eine bestimmte chemische Verbindung einzugehen und deren chemische Umwandlung zu katalysieren vermag. Nun wird aber die Aminosäuresequenz in einem Protein von der Nukleotidsequenz im Gen codiert, die dieses Protein bestimmt. Wenn daher jedes Protein einzigartig ist, ist es jedes Gen ebenfalls.

In diesem Licht erschien die Evolution als ein mehr oder weniger linearer und kontinuierlicher Prozeß, der aus Mutationen hervorgeht, die die Beschaffenheit der Proteine modifizieren. Unter den mutierten Formen würden die am besten angepaßten von der natürlichen Auslese begünstigt. Und der die Evolution begleitende Komplexitätszuwachs wäre die Frucht einer linearen und kontinuierlichen Hinzufügung von DNA zum Genom. Daher die Vorstellung, daß die biochemischen und physiologischen Neuerungen in Schichten übereinander gelagert werden.

Daß die Komplexität der lebenden Welt sich in lineare Moleküle und in Reaktionsketten zerlegen läßt, war zufriedenstellend für das menschliche Gehirn, das es gewohnt ist, sich von der Geburt bis zum Tod in einer kontinuierlichen und linearen Zeit zu bewegen. In den siebziger Jahren begannen jedoch Risse und Brüche das Kontinuierliche und Lineare zu durchziehen. Was bislang außerhalb der Reichweite von Experimenten gelegen hatte, die Gene der höheren Organismen, war durch die Gentechnologie zugänglich geworden. Daraus ergab sich eine reiche Ausbeute an Überraschungen: Bruch der Kontinuität der Gene, Vorhandensein von bis zu zwanzig oder dreißig Genfamilien mit sehr verwandten Strukturen in ein und demselben Organismus; sehr starkes Beharrungsvermögen der Strukturen und Funktionen zahlreicher Gene, die durch die Evolution hindurch erhalten bleiben und nahezu identisch in den meisten Organismen zu finden sind; und eine innere Architektur zahlreicher Gene: Sie sind durch Zusammenstückung relativ kurzer DNA-Fragmente gebildet, die jeweils ein Proteinmotiv codieren, dessen dreidimensionale Struktur und elektrostatische Ladungen die Erkennungs- und Interaktionsfähigkeit gegenüber anderen Molekülen bestimmen. Alle diese Erkenntnisse sind kaum mit der Vorstellung vereinbar, die man bislang von der Struktur und Funktionsweise des »molekularen Hundes« hatte.

In der neuen Perspektive ist die Struktur der lebenden Welt nicht mehr linear und kontinuierlich, sondern nicht-linear und diskontinuierlich. Gene und Proteine sind nicht mehr einzigartige Objekte, nicht mehr Besonderheiten einer bestimmten Spezies. Es finden sich von einer Spezies zur anderen überaus ähnliche Strukturen. Mehr noch, in derselben Spezies finden sich manchmal sehr ähnliche Strukturen, die ganz verschiedene Funktionen ausüben. Außerdem stößt man oft auf gemeinsame Sequenzsegmente inmitten unterschiedlicher Sequenzen. Die meisten Gene und Proteine sind sozusagen Mosaiken, die durch die Zusammenstückung einiger Elemente, einiger Motive gebildet sind, von denen jedes eine Erkennungsstelle trägt. Die Anzahl dieser Motive ist begrenzt, es gibt allenfalls tausend oder zweitausend davon. Aus der Kombinatorik dieser Motive entspringt die unbegrenzte Vielfalt der Proteine. Ein Protein erhält seine spezifischen Eigenschaften durch die Kombination einiger besonderer Motive.

Das unmittelbar in die Chemie der Zelle verwickelte Grundelement ist die in einer Proteinregion enthaltene Erkennungsstelle. Anfangs schien die molekulare Erkennung begrenzt auf die Interaktion zwischen Enzym und Substrat oder zwischen Antigen und Antikörper. Inzwischen schreibt man ihr die Hauptrolle bei verschiedenen Reaktionen zu: bei der Polymerisation der Proteine zur Bildung von Strukturen wie den Muskelproteinen, dem Zellskelett, den Ribosomen, den Virenkapsiden; bei der Interaktion zwischen Protein und DNA in der Regulation der Genaktivität; bei der Interaktion zwischen Rezeptor und Ligand in einer ganzen Reihe von Phänomenen, wie beispielsweise der Signalübermittlung, der Interaktion von Zellen, der Zelladhäsion etc. Zahlreiche molekulare Erkennungsstellen bestehen durch die ganze Evolution unverändert fort, so daß man sie nahezu identisch bei den unterschiedlichsten Organismen wiederfindet.

Man sieht die Veränderungen, die sich damit in der Betrachtungsweise der biochemischen Evolution ergeben haben. Solange jedes Gen, und folglich auch jedes Protein als einzigartiges Objekt angesehen wurde, als Resultat einer einzigartigen Sequenz von Nukleotiden oder Aminosäuren, konnte jedes von ihnen nur durch eine Neuschöpfung entstehen, die ganz offensichtlich äußerst unwahrscheinlich war. Aber das Vorhandensein wichtiger Proteinfamilien mit identischen Strukturen, die mosaikartige Bildung von Proteinen aus Motiven, die sich in zahlreichen Proteinen wiederfinden, und die überraschende Tatsache, daß die Proteine ihre spezifischen Motive und ihre Erkennungsstellen trotz einer riesigen morphologischen Vielfalt im Laufe der Evolution bewahren – dies alles zeigt sehr deutlich, daß die Evolution anders vorgeht, als man bisher gedacht hatte. Tatsächlich scheint die biochemische Evolution nach zwei Prinzipien zu funktionieren, von denen das eine die Schöpfung neuer Moleküle betrifft, das andere ihre Auslese oder Selektion.

Der schöpferische Part der biochemischen Evolution geht nicht von nichts aus. Er besteht darin, aus Altem Neues zu bilden. Dies habe ich an anderer Stelle als molekulare Bastelei bezeichnet.[4] Wahrscheinlich haben sich die ersten Gene aus kurzen Nukleotidsequenzen gebildet, dreißig oder vierzig an der Zahl. Diese Segmente haben sich anschließend vergrößert, entweder durch gegenseitige Anstückung oder durch einmalige oder mehrfache Verdoppelung. In zahlreichen Genen findet sich nämlich die Spur von einer, zwei, drei oder sogar mehreren aufeinanderfolgenden Verdoppelungen, gefolgt von mehr oder weniger wichtigen Abwandlungen. Die Verdoppelung von DNA-Segmenten oder von ganzen Genen scheint eine der Hauptformen der besagten molekularen Bastelei zu sein. Durch aufeinanderfolgende Verdoppelungen haben sich zahlreiche Genfamilien gebildet, wie die Hämoglobine, zahlreiche Regulationsfaktoren oder die Gene der Immunglobulinfamilie, die verwandte Funktionen ausüben, etwa die Erkennung von Antigenen, die Zelladhäsion oder die Lenkung von Axonen.

Eine zweite Form der Produktion von Genen besteht in der Neuzusammenstellung bestehender Fragmente, woraus dann mosaikartig neue Gene entstehen. Auch hier kommt der Selektionsaspekt zum Tragen. Eine gewaltige Überraschung hatte in der Entdeckung bestanden, daß trotz der riesigen Artenvielfalt im Laufe der Evolution spezifische Erkennungsmotive bei den Proteinen, bestimmte Proteinteile, fortbestehen und fast unversehrt erhalten bleiben. Dies erklärt sich durch die starken Zwänge, denen diese Erkennungsstellen unterworfen sind, da sie die Grundlage aller molekularen Interaktionen bilden. Folglich aller chemischen Aktivitäten der Zelle. Die Spezifität der molekula-

4 François Jacob, *Das Spiel der Möglichkeiten*, München 1983.

ren Interaktionen muß gewahrt bleiben. Daher das Beharrungsvermögen der beteiligten Strukturen durch die ganze Evolution.
Diese Trägheit betrifft ein bestimmtes Segment eines Gens, ein
codierendes Segment oder Exon, das die Erkennungsstelle bestimmt. Die nicht codierenden Segmente des Gens bzw. Introns
sind davon nicht betroffen. Auch nicht die Umgebung, also die
Beschaffenheit der an das entsprechende Exon angrenzenden
Segmente. Introns und angrenzende DNA-Segmente können
also frei variieren. Daher die zweite Form der molekularen Bastelei: die Neuzusammenstellung von DNA-Fragmenten, von
Exons, um mosaikartige Proteine zu bilden.

Auch hier, bei der Bildung der wichtigsten Zellbestandteile,
wird wieder einmal durch eine Kombinatorik von Elementen in
begrenzter Anzahl eine immense Vielfalt von Strukturen hervorgebracht. Anders als man lange geglaubt hatte, beruht die biochemische Evolution erst an zweiter Stelle auf Mutationen. Sie
geht vor allem auf die Verdoppelung von DNA-Segmenten und
ihre Neuzusammenstellung zurück. In dieser Evolution gibt es
richtige Fixpunkte, Inseln, die aus den spezifischen Erkennungsstellen bestehen. Um die sie codierenden DNA-Segmente tau-
schen sich mehr oder weniger frei, fast wie in einer Art Ballett,
andere DNA-Fragmente aus. Daher finden sich die Grundstruk-
turen in allen Organismen wieder, und jedesmal möglicherweise
in anderen Zusammenhängen. Die gesamte lebende Welt läßt
sich also mit einer Art riesigem Baukasten vergleichen. Dieselben Stücke können auf verschiedene Art und Weise auseinandergenommen und wieder zusammengesetzt werden, so daß
unterschiedliche Formen entstehen. Aber die Grundlage bilden
immer die gleichen Elemente.

Durch ihre Mosaikstruktur verfügen Gene und Proteine über
vielfältige Interaktionsmöglichkeiten. Und diese werden noch

zahlreicher durch die Bildung von Proteinkomplexen, die manchmal sehr umfangreich sein können. So werden zur Durchführung mancher Grundoperationen der Zelle, zu denen allerlei Reaktionen und Interaktionen gehören, spezifische Genkomplexe eingesetzt. Das ist vor allem der Fall bei Vorgängen, die an der Zellteilung oder an den Wechselwirkungen zwischen Zelle und Zelle oder bei bestimmten Etappen der Morphogenese beteiligt sind. Die Gene eines Komplexes, der solche Operationen durchführt, sind durch zelluläre Erkennungsstellen verknüpft, die ihre Produkte eng miteinander verbinden. Der die Zellteilung steuernde Genkomplex ist bei der Hefe und beim Menschen der gleiche. Diese Gene haben ihre Funktionen und einen guten Teil ihrer Strukturen im Laufe einer sich über mehr als fünfhundert Millionen Jahre erstreckenden Evolution bewahrt. Solche Genkomplexe taufte Antonio Garcia-Bellido auf den Namen »Syntagmen«. Sie funktionieren gewissermaßen wie Module, die im Bauplan aller Zellen verwendet werden.

Auch bei der Embryonalentwicklung zahlreicher, vielleicht sogar aller Arten läßt sich eine von Genkomplexen gelenkte Bauweise in Modulen beobachten. Organismen, vor allem Insekten, scheinen sich in Form von wiederholten Segmenten zu entwickeln, das heißt von mehrzelligen Modulen. Die zunächst identischen Module differenzieren sich anschließend auf spezifische Weise. Das geschieht unter der Einwirkung von Regulatorgen-Komplexen, wie beispielsweise der Homöogene. Die Rolle dieser Gene besteht darin, die Regeln abzuwandeln, die die Entwicklung des Standardmoduls lenken. Sie bestimmen so ein genau definiertes Territorium und verleihen jedem Segment eine besondere Identität. Jedes dieser Territorien, dieser Segmente, wird bestimmt durch die Kombination mehrerer Homöogene, die in den gleichen Zellen parallel in Funktion sind. Auch bei der

abschließenden Differenzierung, in der die verschiedenen im
Körper beobachteten Zelltypen produziert werden, kommen
Komplexe von zusammen operierenden Genen zum Einsatz. Beispielsweise werden Muskelzellen oder Nervenzellen von ihnen
produziert – bei allen untersuchten Organismen, vom Fadenwurm bis zum Menschen.

So sehr konnte sich also in zehn oder zwanzig Jahren das Bild
verändern, das wir uns von der lebenden Welt und ihren Bewoh-
nern geschaffen hatten. Unser »molekularer Hund« hat sich
damit grundlegend gewandelt. Was wahrscheinlich am meisten
zum Umsturz einiger alter Ideen beigetragen und vielleicht in
der Welt der Biologen am meisten Erstaunen ausgelöst hat, war
das bis dahin ungeahnte Beharrungsvermögen der molekularen
Strukturen und ihrer Funktionen; trotz der Vielfalt der Formen
und Verhaltensweisen in der Tierwelt reichen sie bis auf das
Kambrium zurück, sie umfassen also mehr als fünfhundert Millionen Jahre Evolution. Manche Gene und ihre Proteine sind so
nahezu unversehrt erhalten geblieben, nur mit den im Laufe der
Zeit unvermeidlichen minimalen Veränderungen. Andere haben
sich vervielfältigt, jedoch mit geringfügigen Variationen, durch
die sie neue Funktionen übernehmen konnten. Wieder andere
schließlich wurden zerstückelt, und Bruchstücke unterschiedlichen Ursprungs haben sich verbunden und neue Strukturen gebildet. Darüber hinaus gibt es von Genblöcken codierte Module
von Proteinkomplexen, die Grundoperationen in der gesamten
lebenden Welt durchführen.

Die Form- und Verhaltensunterschiede zwischen den Arten
lassen sich also nicht mehr verschiedenen Proteinstrukturen zuschreiben, wie man es lange getan hat. Für die »Neue Synthese«,
die seit den dreißiger und vierziger Jahren gültig war, erklärte

sich die biologische Vielfalt in Begriffen der Genmutation.
Demnach produzierten die Mutationen Variationen in den Enzymen, diese modifizierten einige Phasen der Embryonalentwicklung und folglich die Formen und Verhaltensweisen der Arten.
In einer polymorphen Population wurden von der natürlichen
Auslese dann diejenigen Proteinstrukturen – demnach also auch
Genstrukturen, die »Allele« – begünstigt, welche die umfang-
reichste Reproduktion ermöglichten. Durch diese Unterschiede
zwischen Allelen erklärten sich die Eigenarten innerhalb der einzelnen Arten.

Seit zwanzig Jahren jedoch werden die Allmacht der natürlichen Auslese und die Kontinuität der Evolution durch die von
Eldredge und Gould vorgebrachte Theorie des »unterbrochenen
Gleichgewichts«[5] in Frage gestellt. Aus den Ergebnissen der molekularen Analyse scheint hervorzugehen, daß die Bildung neuer
Arten keiner bloßen Hinzufügung neuer Gene und neuer Funktionen zur Entwicklung älterer Organismen entspricht. Die lebende Welt gleicht einem Baukasten. Sie geht aus einer riesigen
Kombinatorik hervor, durch die nahezu fixe Elemente, Gen-
segmente oder Genblöcke, die die Module für komplexe Operationen bestimmen, unterschiedlich angeordnet werden. Der
Zuwachs an Komplexität in der Evolution stammt aus neuen Zu-
sammensetzungen solcher vorher bestehenden Elemente. Mit
anderen Worten, das Auftauchen neuer Formen, neuer Phänoty-
pen stammt oft aus bisher nicht dagewesenen Kombinationen
der gleichen Elemente.

---

5 N. Eldredge, Stephen Jay Gould, »Punctuated Equilibria: An Alternative to
Phyletic Gradualism«, in: *Models of Paleobiology,* hrsg. von T. J. M. Schopf, San
Francisco 1972, S. 82-115.

KAPITEL V
DAS GLEICHE UND DAS ANDERE

Am Ufer eines Flusses läuft ein Skorpion nervös auf und ab. Er sucht nach einer Möglichkeit, ans andere Ufer zu gelangen. Ein Frosch taucht auf. »Würdest du mich auf deinen Rücken nehmen und ans andere Ufer bringen?« fragt der Skorpion. »So verrückt bin ich nicht«, antwortet der Frosch, »damit du mich unterwegs stichst?« – »Aber nicht doch«, entgegnet der Skorpion, »welches Interesse sollte ich daran haben, dich zu stechen? Wir würden beide ertrinken. Außerdem werde ich dich gut bezahlen!« Der Frosch akzeptiert also, läßt den Skorpion auf seinen Rücken klettern und macht sich daran, zum anderen Ufer hinüberzuschwimmen. In der Mitte des Flusses sticht der Skorpion plötzlich zu. Bevor er stirbt, kann der Frosch noch fragen: »Warum hast du das getan?« – »Weil es in meiner Natur liegt«, antwortet der Skorpion, und alle beide versinken in den Fluten.

Dieser unglückliche Skorpion ist nur ein Dummkopf. Was er auch denken mag – wenn er überhaupt denkt –, ob er seinen Nächsten liebt oder verachtet, ob er Pläne schmiedet oder nicht, sein Spielraum beschränkt sich auf eine einzige Alternative: stechen oder nicht stechen. Über eine andere Möglichkeit verfügt er nicht. Er hat nichts von unserem »freien Willen«. Er ist ein reines, rohes Produkt der Natur.

Doch tadeln wir nicht leichtfertig den Skorpion. In unserem Maßstab und auf unsere Weise sind wir selbst ebenso in unsere Natur eingesperrt:

> *Ich lausche hinaus ins Gewimmel*
> *Der Stadt das im Kerker sich bricht*
> *Mauern und feindlicher Himmel*
> *Sind meine einzige Sicht*
>
> *Bis der Tag versinkt und die Helle*
> *Der Kerkerlampe anbricht*
> *Dann sind wir allein in der Zelle*
> *Lieber Gedanke Liebliches Licht*

murmelte Apollinaire[1], um daran zu erinnern, daß das Licht der Erkenntnis, nach dem der liebe Gedanke trachtet, an die Begrenztheit unseres Gehirns gebunden ist. Diese Begrenztheit müssen wir wohl oder übel akzeptieren. Allerdings unter der Bedingung, daß unser Platz in der lebenden Welt, der höchste selbstverständlich, klar definiert ist. Was die Psychologen unsere Identität nennen – die soziale oder familiäre –, muß genauso exakt auch in der lebenden Welt ermittelt werden. In einer Geschichte von George Bernard Shaw berichtet der Erzähler, daß er einen Zwillingsbruder hatte. Bei einem gemeinsamen Bad ertrank einer der beiden Zwillinge bereits als kleines Kind. Und der Erzähler erklärt: »Ich habe nie gewußt, wer von uns beiden ertrunken ist, mein Bruder oder ich.«

---

1 Guillaume Apollinaire, *Alkohol. Gedichte französisch-deutsch*, Darmstadt, Neuwied 1976, S. 147.

Diese Geschichte wirkt irritierend auf uns. Ebenso wie der Roman *Les Animaux dénaturés* von Vercours. Darin erforscht ein junger Ethnologe eine Population in Afrika, von der man nicht weiß, ob sie zu den Menschenaffen oder den Menschen zu zählen ist. Um darüber zu entscheiden, heiratet der Ethnologe ein Weibchen der Gruppe. Daraus geht ein Junges hervor. Der Ethnologe tötet es. Er erscheint vor einem Gerichtshof in London – und dessen Urteil wird die Antwort auf die gestellte Frage liefern, indem er den Tod des Jungen entweder als Mord oder als Jagdpartie bewerten wird. Das Gesetz wird über die Natur entscheiden.

Wie jede Wissenschaft kennt auch die Biologie Stimmungszyklen, wo Perioden des Optimismus mit Perioden der Depression wechseln. Die optimistischen Zeiten entsprechen dem Auftauchen einer neuen Theorie, einem noch nicht dagewesenen Blick auf die Lebewesen und ihre Funktionen, woraus wieder neue Möglichkeiten für die Analyse bestimmter Phänomene erwachsen. Depressionen ergeben sich aus experimentellen Fehlschlägen, wenn man nach einer Periode der Nutzbarmachung der neuen Theorie plötzlich wieder vor einer Wand steht. Als die Molekularbiologie aufkam, brach für die Biologie eine unglaublich optimistische Epoche an, als würden durch die Magie der Doppelhelix alle seit der Antike gestellten Fragen plötzlich beantwortet. Aber die Techniken, die beim Kolibakterium brauchbar waren, ließen sich schlecht beim Elefanten anwenden. Es folgte eine Periode der Depression. Als sollten die höheren Organismen unerreichbar für die Verfahrensweisen bleiben, die bei den Bakterien wahre Wunder vollbracht hatten. Mit der Gentechnologie ist eine neue Periode des Optimismus angebrochen. Die Möglichkeit, die Moleküle und insbesondere die Gene aller Organismen bis in die Einzelheiten zu analysieren, hat unser

Bild von der lebenden Welt völlig verändert, denn damit wurde die von der Molekularbiologie bis in die siebziger Jahre entwickelte Darstellung durch eine neue ersetzt.

Die Geschichte der Biologie erscheint ein wenig wie ein langer, holpriger und vorher nicht geplanter Weg hin zum Materialismus, zum Reduktionismus und zur Einheit von Aufbau und Funktionsweise der lebenden Welt. Sehr lange sind die verschiedenen Lebewesen als unabhängig, geradezu als voneinander isoliert betrachtet worden. Jeder erwachsene Organismus erschien als Resultat einer besonderen Schöpfung. Und wenn manche unter ihnen sich glichen, so verdankte sich das dem Gutdünken und der Phantasie des Schöpfers. Im 17. und 18. Jahrhundert wurden dann durch die vergleichende Anatomie und Physiologie allmählich einige Ähnlichkeiten der Organisation und der Funktion innerhalb von Organismengruppen herausgearbeitet. Doch erst im 19. Jahrhundert ist eine doppelte Verwandtschaft zwischen allen Lebewesen begründet worden. Zunächst eine Verwandtschaft des Aufbaus, denn mit der Entdeckung der Zelle wurde jeder lebende Organismus als ein »Klon« angesehen, als eine Kolonie von Zellen. Welche Funktionen die Zellen auch ausübten, ob es sich um Nerven-, Muskel- oder Drüsenzellen handelte, alle waren aus ähnlichen Bestandteilen zusammengesetzt, die als Kohlehydrate, Lipide, Proteine und Nukleinsäuren klassifiziert wurden.

Mit der Evolutionstheorie ergab sich darüber hinaus eine Verwandtschaft der Abstammung. Sie gründete sich zunächst auf die Beziehung zwischen den Formen, auf die Zugehörigkeit zu gewissen geologischen Schichten und auf den Vergleich der jeweiligen Embryonalentwicklung. Bis dahin hatte die lebende Welt ein von außen reguliertes System dargestellt. Ob die organisierten Wesen seit der Schöpfung festgelegt oder in einer

Reihe aufeinanderfolgender Ereignisse »fortgeschritten« waren, stets bildeten sie eine kontinuierliche Reihe von Formen. Die sichtbare Struktur der lebenden Welt, wie wir sie heute sehen, war Zeichen einer transzendenten Notwendigkeit. Daß die Lebewesen anders sein könnten, als sie sind, daß auch andere Lebensformen die Erde bewohnen könnten, schien lange undenkbar. Mit der Evolutionstheorie aber verschwindet der Gedanke, daß den organisierten Wesen durch eine prästabilierte Harmonie ein System von Beziehungen vorgeschrieben wäre. Die Notwendigkeit der lebenden Welt in ihrer bestehenden Form wird abgelöst von einer Kontingenz, die schon die unbelebten Dinge und die Himmelskörper beherrschte. Nicht nur könnte die lebende Welt ganz anders sein, als sie es heute ist, sondern sie hätte auch ebensogut nie existieren können. Die Organismen werden zu Elementen eines umfassenden Systems, zu dem auch die Erde und die von ihr beherbergten Objekte gehören. Die Form der Wesen, ihre Eigenschaften und Merkmale sind folglich einer inneren Regulation dieses Systems unterworfen, dem Spiel der Wechselwirkungen, das die Aktivität der Elemente koordiniert.

Mitte des vorigen Jahrhunderts fand sich damit der Mensch plötzlich als integraler Bestandteil der lebenden Welt wieder. Auch wenn er zum entfernten Vetter der Menschenaffen geworden war, bewahrte er doch ein ernsthaftes Überlegenheitsgefühl gegenüber allen anderen Organismen. Doch er fand sich nicht nur überlegen. Er fühlte sich verschieden von ihnen, anders als sie. Und selbst innerhalb der Menschheit hat immer ein gewisser Dünkel bei den »Wohlgeborenen« fortbestanden, und Rassismus bei zahlreichen Völkern. Der Mythos von Adam und Eva macht aus allen menschlichen Wesen die Nachfahren dieses einzigen Paares. Dies hätte zumindest in der abendländischen Welt genügen müssen, um jeden Hochmut in Fragen der Abstammung auszuräumen, und doch wurde dadurch weder der Kolonialismus noch Auschwitz verhindert. Dennoch läßt sich mit einigen einfachen Berechnungen nachweisen, daß alle heute auf der Erde lebenden Menschen mehr oder weniger entfernte Cousins sind, wie es der englische Genetiker Ronald Fisher[2] gezeigt hat, oder vor kurzem nochmals Richard Dawkins[3]. Man hört oft, erklärt letzterer, daß Leute sich damit brüsten, entfernte Verwandte der Königin von England zu sein. Aber jeder auf der Welt ist mehr oder weniger entfernt verwandt mit der Königin von England. Und praktisch jeder ist verwandt mit jedem. Was die Adligen von den anderen unterscheidet, ist nur, daß sie derart um ihre Abstammung besorgt sind, daß sie alle Einzelheiten mit größter Genauigkeit dokumentieren.

All das gehört nicht zur Biologie, sondern ergibt sich aus elementaren Berechnungen. Die Biologie bringt zwei neue Erkenntnisse, die in entgegengesetzte Richtungen weisen und daher eine Art Paradox bilden. Einerseits sind mehrere Millionen Arten bekannt, und man schätzt, daß man damit noch immer nur einen kleinen Bruchteil kennt. Und die heute lebenden Arten scheinen wiederum nur einen geringen Teil aller Arten zu repräsentieren, die im Laufe der Evolution aufgetaucht und dann wieder verschwunden sind. Doch hinter dieser Mannigfaltigkeit der Formen und Verhaltensweisen verbirgt sich eine erstaunliche Einheit der Strukturen und Funktionen. Denn es scheint tatsächlich so, daß alle Arten, von den ganz schlichten bis zu den äußerst komplexen, einander noch viel ähnlicher, noch viel näher sind, als man bisher vermutet hatte. Als ob die Evolution immer das gleiche Material verwendete, um es in immer unterschiedlichen

2 Ronald Fisher, *The Genetical Theory of Natural Selection*, New York 1958.
3 Richard Dawkins, *Und es entsprang ein Fluß in Eden: das Uhrwerk der Evolution*, München 1996.

Formen anzuordnen. Als würden die Arten von einer Kombinatorik hervorgebracht, die man mit einem Lego-Spiel oder einem
Baukasten vergleichen könnte. Andererseits ist bei den Organismen mit geschlechtlicher Fortpflanzung alles so eingerichtet,
daß Individuen der gleichen Art, mit Ausnahme eineiiger Zwillinge, alle voneinander verschieden sind. Als wäre das genetische
System, das auf dieser Erde in Funktion ist, darauf ausgerichtet,
stets Verschiedenheit hervorzubringen. Daher das Paradox. Einerseits ist alles, was so verschieden erscheint, letzten Endes sehr
ähnlich; andererseits ist alles, was so ähnlich erscheint, in Wirklichkeit recht verschieden.

Den bisher unvermuteten Grad der Verwandtschaft zwischen
allen Lebewesen haben eine ganze Reihe neuer, in den letzten
zwanzig Jahren erworbener Erkenntnisse augenfällig werden lassen. Die erste dieser Erkenntnisse betrifft die Struktur der Gene
und ihrer Produkte, der Proteine. Denn bei den höheren Organismen sind die Gene zerstückelt. Die Sequenzen, von denen die
Proteine codiert werden, die Exons, sind meist durchsetzt von
nicht codierenden Sequenzen, den Introns. Die Proteine bestehen aus Domänen. Aber mit geringen Variationen werden immer die gleichen Motive verwendet. Die heute zu findenden
Gene sind also das Ergebnis einer Kombinatorik, durch die eine
begrenzte Anzahl Motive, vielleicht tausend oder zweitausend,
neu zusammengestellt werden. Diese Motive stammen selbst
von einer kleinen Anzahl älterer Module ab.

Der zweite Beitrag aus jüngster Zeit: die erstaunlichen Entwicklungen, die in den letzten Jahren in der Embryonal-
forschung stattgefunden haben. Lange Zeit ließ sich die Reihe
komplexer Ereignisse, aus denen nach und nach Formen und
Strukturen des Embryos auftauchen, nur beobachten. So sieht
man, wie sich Faltungen bilden, »Keimblätter«, die übereinan-

dergleiten, sich zusammenrollen, sich verformen, um dann die Organe entstehen zu lassen. Wenn man die verwandten Arten innerhalb einer Familie betrachtet, findet man bemerkenswerte Ähnlichkeiten in der Entwicklung. Sobald man jedoch von einem Stamm zum anderen übergeht, findet man unterschiedliche Entwicklungstypen. Würde man das nicht auch erwarten? Sind nicht sehr unterschiedliche Prozesse notwendig, um so unterschiedliche Bauformen wie die der Lebewesen hervorzubringen? Étienne Geoffroy Saint-Hilaire ist der einzige, der zu Beginn des 19. Jahrhunderts hinter der Verschiedenartigkeit der Formen und der Entwicklungen so etwas wie einen allgemeinen Bauplan des Körpers ausmachen kann, der den meisten Arten gemeinsam ist.

Gegen Ende des letzten Jahrhunderts begnügt man sich nicht mehr damit, die Entwicklung eines Embryos zu beobachten. Man will nach Art der Physiologen experimentieren. Man schneidet irgendwo ein Stück Gewebe heraus, versetzt es, verpflanzt es anderswohin und sucht nach den auf diese Weise hervorgebrachten Wirkungen. Um solche Experimente durchzuführen, verwendet jeder den ihm am günstigsten erscheinenden Organismus. So gibt es Seeigelfanatiker und Anhänger des Frosches (oder vielmehr des Frosches *Xenopus*, denn sein Ei ist größer), es gibt Hühnerfans und Enthusiasten der Maus. Jedes dieser Tiere hat seine eigenen Tugenden. Jedes ist für bestimmte Experimente besonders geeignet, für andere hingegen gar nicht. Mit jedem von ihnen lassen sich bestimmte Entwicklungsaspekte spezifischer angehen. Aber die bei einem Organismus gefundenen Antworten bleiben oft ohne Bedeutung, ohne jeglichen Zusammenhang mit dem, was bei den anderen Organismen geschieht. Allen gemeinsam scheinen nur bestimmte obligatorische Durchgangsstadien zu sein, wie die »Gastrulation«, eine

Art frühzeitige Einstülpung und Faltung, wodurch sich überlagernde zelluläre »Keimblätter« gebildet werden. Ein besonders wichtiger Moment, denn hier beginnen verschiedene Zelltypen auseinanderzulaufen und einige Formen des neuen Individuums sich abzuzeichnen. Was einen berühmten Embryologen zu der Äußerung veranlaßte, das wichtigste Ereignis im Leben eines Menschen sei weder die Befruchtung, mit der seine Entwicklung beginnt, noch die Geburt oder gar die Heirat. Es sei die Gastrulation.

Ohne Genanalyse gibt es jedoch keine in die Tiefe gehende Erforschung des Embryos. Und beim Seeigel, beim Frosch und beim Huhn, sogar bei der Maus existierte eine genetische Forschung lange Zeit entweder überhaupt nicht oder nur unzureichend. Bis dann die Drosophila auf dem Schauplatz der Embryologie auftaucht. Womit allerdings eine merkwürdige Situation eintritt. Einerseits wird nun die Entwicklung der Fliege oder die eines sich schnell reproduzierenden kleinen Fadenwurms bis ins Detail auseinandergenommen. Es werden Hunderte von Mutanten isoliert, Gene werden ausfindig gemacht. Andererseits tritt man auf der Stelle. Selbst bei der Maus, die bekanntlich als Modell für die genetische Erforschung der Säugetiere und insbesondere des Menschen dient, ist man beschränkt auf die Erzeugung reiner Linien und die Untersuchung langwieriger und komplizierter Kreuzungen. Dies ändert sich erst mit dem Tag, als die Gentechnologie auftaucht. In wenigen Monaten wandelt sich die Situation vollkommen. Nun wird es möglich, bei der Drosophila und dem Fadenwurm nicht nur Gene aufzuspüren, sondern sie zu isolieren, in reiner Form darzustellen, ihre detaillierte Anatomie zu erstellen und sie wieder in den Organismus einzusetzen, um die genauen Bedingungen ihres Funktionierens zu beobachten. Bei anderen Organismen, wo es noch keine genetische

Forschung gab, erhält man nun erstmals Zugang zu bestimmten Genen. Bei der Maus und beim Menschen schließlich, wo bereits eine bedeutende Menge genetischer Erkenntnisse vorhanden war, wird es nun möglich, jedes beliebige Gen zu isolieren, es in einem Bakterienstamm millionenfach zu reproduzieren, im Detail zu analysieren und es dann wieder in eine Maus einzusetzen, um so die Entwicklungsstadien und die Gewebe ausfindig zu machen, in denen es aktiv ist.

Die Gentechnologie führt also zu einer totalen Veränderung der Forschungslandschaft und der Forschungsmethoden. Wo bisher nur die Oberfläche der Phänomene beobachtet werden konnte, ist es nun möglich, zum Kern der Dinge vorzustoßen. Zum ersten Mal hat man einen Zugang zu dem System gefunden, das der Embryonalentwicklung der unterschiedlichsten Organismen und insbesondere der Säugetiere zugrunde liegt. Es in seinen großen Zügen wie in seinen Einzelheiten zu erhellen, ist eine Frage der Zeit und der investierten Arbeit. Man weiß heute, daß es früher oder später gelingen wird.

Die erste Überraschung trat ein, als die an der Entwicklung verschiedener Organismen beteiligten Gene miteinander verglichen wurden. Oder vielmehr, als man untersuchte, ob ähnliche Gene wie jene, die bei der Fliege bekanntermaßen eine Hauptrolle spielen, anderswo auch existieren. Durch die Fähigkeit der beiden komplementären DNA-Ketten, sich zu erkennen und entsprechend aneinanderzukoppeln, ist es relativ leicht, unter der gesamten DNA eines Organismus nach dem Vorhandensein eines Gens zu forschen, das einem bereits bekannten Gen ähnelt. Obwohl die Aussichten gering waren, die berühmten HOM-Gene, die bei der Drosophila die Körperachse aufbauen, bei anderen Organismen als den Insekten wiederzufinden, da die jeweilige Embryonalentwicklung so verschieden ist, suchte man

auch anderswo danach. Nur versuchsweise. Aber dann, welches
Erstaunen! Man findet sie. Überall. Beim Frosch zunächst. Dann
bei der Maus. Schließlich beim Menschen, beim Blutegel, Fadenwurm, Lanzettfischchen, bei der Hydra; kurz, bei allen untersuchten Tieren trifft man auf eine Gengruppe, die eine ganz
ähnliche Struktur aufweist wie die HOM-Gene der Fliege. Und
überall scheinen diese Gene die gleiche Rolle zu spielen: nämlich
die relativen Positionen der Zellen entlang der Körperachse des
Tieres zu definieren. Wird einer Fliege, bei der eines dieser Gene
mutiert ist, das homologe Gen der Maus eingesetzt, so funktioniert dieses vollkommen und erfüllt die Rolle, die das normale
Gen der Fliege spielt. Das gleiche gilt für die menschlichen
Gene.

Man kann sich kaum den Schauder vorstellen, der die Biologen
bei Bekanntwerden dieser aufregenden Ergebnisse überlief. Seit
langem wußten sie, daß zahlreiche Gene und Proteine im Verlauf
der Evolution ohne große Veränderung fortbestehen, daß manche Strukturen von den Bakterien bis zum Menschen weitgehend
erhalten bleiben. Doch handelte es sich vor allem um Proteine
von Strukturen, etwa von den Muskeln, oder um Enzyme, wie sie
zum Beispiel an der Atmung beteiligt sind. Daß die Gene, die
den Körper eines Menschen aufbauen, die gleichen sein könnten
wie die, die den Körper einer Fliege einrichten, war ganz einfach
undenkbar! Undenkbar, daß derart verschiedenen Prozessen, wie
sie an der Entwicklung dieser beiden Organismen beteiligt sind,
das gleiche genetische Gerüst zugrunde liegen sollte.

Denn es handelt sich ja nicht bloß um unabhängige Gene, die
sich jeweils gleichen. Es ist ein ganzes System koordinierter Elemente, die im Verlauf der Evolution über einen gleichen Chro-
mosomenabschnitt zusammen erhalten bleiben; und sie werden
sowohl bei der Fliege wie bei der Maus in einer genauen zeit-

lichen und räumlichen Reihenfolge nacheinander aktiviert, entlang der Körperachse des Embryos. Bei den Säugetieren, Mensch und Maus, wird die der HOM-Gruppe homologe und mehrfach wiederholte Gengruppe Hox genannt. Diese Hox-Gene sind für den Aufbau der Wirbel, Rippen, Muskeln sowie der Strukturen des zentralen und sympathischen Nervensystems verantwortlich. Wie bei der Fliege führt eine Mutation eines dieser Gene zu Veränderungen in der Form des künftigen Organismus und sehr oft zum frühzeitigen Tod.

Daß solche Gengruppen in mehr oder weniger vollständiger Form und in mehr oder weniger häufigen Wiederholungen bei allen untersuchten Organismen zu finden sind, welches auch deren Gestalt und Größe sein mag, und das in allen Stämmen, zieht zwei Konsequenzen nach sich. Einerseits bestimmt die gleiche Sorte von Genen bei äußerst verschiedenen Tieren die Bildung völlig unähnlicher Strukturen. Daraus ist zu schließen, daß dieses System nicht dazu dient, spezifische Strukturen aufzubauen, sondern relative Positionen, Koordinatenachsen für die Zellen innerhalb des Organismus. Mit anderen Worten, diese Systeme haben eine informative und keine strukturelle Funktion. Daß dieselben Systeme fähig sind, die Koordinatenachsen bei allen untersuchten Tieren einzurichten, zeigt zum anderen das hohe Alter des ganzen Systems. Aller Wahrscheinlichkeit nach existierte es in primitiver Form schon bei irgendeinem gemeinsamen Ahnen aller heute auf der Erde lebenden Tiere. Was uns ungefähr sechshundert Millionen Jahre zurückführt.

Folglich bleiben nicht nur die Effektorgene, die das Material von Zellstruktur und Zellchemie bestimmen, im Verlauf der Evolution von Art zu Art erhalten. Sondern ebenfalls die Selektoren, die »Meistergene«, von denen die Aktivität der Effektoren in Gang gesetzt und moduliert wird. Neue Beispiele dafür stellen sich Tag für Tag ein. Eines der spektakulärsten betrifft die Entstehung des Auges. Die Komplexität und Präzision der Strukturen, aus denen ein menschliches Auge besteht, und die erstaunlichen Qualitäten dieses Apparates, der uns mehr als jeder andere den Zugang zu unserer Umwelt öffnet, haben aus dem Auge das liebste Beispiel der Evolutionsgegner gemacht. Es wird gerne als Argument gegen den Gedanken einer vom Zufall abhängigen Evolution ins Feld geführt. Wer beim Spazierengehen eine Uhr findet, zweifelt ja keinen Moment daran, daß sie von einem Uhrmacher hergestellt worden ist. Wer einen etwas komplexeren Organismus mit all seinen Organen betrachtet, dürfe also genausowenig daran zweifeln, daß dieser durch den Willen eines Schöpfers geschaffen worden ist. Wie könnte das Auge eines Säugetiers, mit seiner Geometrie und der ganzen Präzision seiner Bestandteile, die Frucht eines bloßen Zufalls sein?

In der lebenden Welt gibt es sehr verschiedenartige Augentypen. Ganz offensichtlich hat ein Organismus, der mit Lichtrezeptoren ausgestattet ist, in zahlreichen Situationen einen großen Vorteil. Im Verlauf der Evolution ist das Auge mehrmals und in verschiedener Form aufgetaucht, wobei jedesmal unterschiedliche physikalische Prinzipien zugrunde liegen. Am bekanntesten sind das Linsenauge der Säugetiere, also unseres, sowie das Facettenauge der Insekten, das Auge der Fliege. Nichts, das unähnlicher wäre als diese beiden Augentypen: Es gibt keine Gemeinsamkeit der Organisation, der Mechanismen, der Art der Entwicklung. Sie gelten als Strukturen ohne Homologie, die sich unabhängig und ausgehend von verschiedenen Organismen-Prototypen entwickelt haben. Allerdings hat die kürzlich von Walter Gehring und seiner Gruppe durchgeführte genetische Analyse ein ganz anderes Bild ergeben. Bei den Säugetieren, Mensch und Maus, sind seit einigen Jahren Mutationen bekannt,

die störend in die Entwicklung des Auges eingreifen. In beiden
Fällen gibt es ein Gen, dessen Abwesenheit zu einem augenlosen
Embryo und dessen Tod führt. Die beiden Gene sind isoliert und
analysiert worden. Sie sind nahezu identisch. Diese Mutationen
beeinträchtigen also bei Mensch und Maus das gleiche, im Verlauf der Evolution weitgehend erhalten gebliebene Gen. In beiden Fällen enthält das Gen zwei Segmente hochaffiner DNA, das
eine gleicht den Hox-Genen, das zweite einem in einer anderen
Genfamilie namens PAX gefundenen Segment. Wieder einmal
handelt es sich um ein Meistergen, aber eines, das diesmal die
Entwicklung des Auges auf irgendeiner Ebene der genetischen
Hierarchie kontrolliert. Vor kurzem ist bei der Drosophila ein
Gen isoliert worden, dessen Abwesenheit die Bildung des Auges
verhindert. Dieses Gen ist fast identisch mit dem gleichen der
Maus. Daher muß man zu dem Schluß gelangen, daß sowohl bei
den Insekten als auch bei den Säugetieren das gleiche Regulator-
gen für die Entwicklung des Auges zuständig ist. Auch dieses
Resultat ist wieder verblüffend. Denn es läuft allem zuwider, was
in den Lehrbüchern steht. Es schien nämlich ausgemacht, daß
das Facettenauge der Insekten und das Linsenauge der Säugetiere
Strukturen ohne jede Verbindung darstellen, die sich unabhängig voneinander entwickelt haben. Inzwischen sieht es so aus, als
würden beide von einem gemeinsamen Prototyp abstammen.[4]

Nicht weniger erstaunlich ist der Nachweis, daß dieses Gen
ganz allein die gesamte Hierarchie der an der Entwicklung des
Auges beteiligten Regulationselemente steuert. Mit Hilfe der
Gentechnologie gelang es nämlich, dieses Gen in eine Fliege in
einer Weise einzusetzen, daß Augen auf den Flügeln oder Beinen

4 R. Quiring, U. Waldorf, U. Kloter, W. Gehring, »Homology of the *Eyeless* Gene
of Drosophila to the Small Eye Gene in Mice and Aniridia in Humans«, *Science*
1994, S. 785-789.

des Tieres auftauchten! Und zu dem gleichen verblüffenden Resultat gelangt man, wenn man das entsprechende Gen nicht der Fliege, sondern der Maus einsetzt.

Diese Forschungen zum Auge führen darum zu zwei neuen, überraschenden Erkenntnissen. Einerseits sieht man nun, daß bei diesem Organ die Aktivität eines einzigen Meistergens ausreicht, um den Aufbau aller Bestandteile in Gang zu setzen. Es sind wahrscheinlich mehrere Hundert Gene erforderlich, um ein Facettenauge oder ein Linsenauge aufzubauen. Aber das ganze Arsenal, die ganze Hierarchie der daran beteiligten Strukturen wird durch die Aktivität eines *einzigen* Meistergens auf den Weg gebracht. Dies ist einer der wenigen, wenn nicht der einzige bekannte Fall dieser Art. Allerdings ist dieses Resultat etwas verwunderlich. Denn die Situation ist riskant, Irrtümer sind möglich. Eine ganze Reihe von Vorfällen können das Meistergen aktivieren und Prozesse auslösen, die unter falschen räumlichen und zeitlichen Voraussetzungen zur Bildung eines Auges führen. Beispielsweise zur Erzeugung von Augen auf Flügeln oder Beinen. Andererseits kann man nicht anders als staunen, sieht man die Kunstgriffe einer Natur, die wieder und wieder die gleichen genetischen Elemente zur Gestaltung ganz unterschiedlicher Organe verwendet. Und so scheinen wohl in dem Kampf, in dem seit Jahrzehnten »Holisten« und »Reduktionisten« einander gegenüberstehen – die Erforscher des Ganzen und jene, die lieber die Teile erforschen –, letztere dem Sieg immer näher zu kommen.

Alle Lebewesen, vom schlichtesten bis zum raffiniertesten, sind also Verwandte. Alle sind näher miteinander verwandt, als wir uns vorstellen konnten. Mit den gleichen Elementen, den gleichen Einheiten hat sich die lebende Welt im Verlauf der Evolu-

tion unendlich diversifiziert. Als hätte das stets bedrohte Leben
zu seiner Erhaltung die vielfältigsten Formen annehmen, die unterschiedlichsten Verhaltensweisen anwenden und die abge-
legensten Winkel der Erde besetzen müssen. Und diese Vielfalt
bezieht sich nicht nur auf die Unterschiede zwischen Arten, sie
betrifft auch Individuen der gleichen Art. Hier kommt das
zweite Moment unseres Paradoxes zum Tragen. Denn in den letzten zwanzig oder dreißig Jahren hat die Biologie immer mehr
von dem entdeckt, was bei den verschiedensten Arten mit einer
geschlechtlichen Fortpflanzung, insbesondere unserer, jedes Individuum charakterisiert. Da gibt es zum einen immunologische
Unterschiede, die zunächst bei Haut- oder Organverpflanzungen
zutage traten und sich dann auch bei der genetischen Untersuchung zeigten; die entsprechenden Gene bestimmen die Struktur der Moleküle, die die Zelloberfläche auskleiden, sowie der
Moleküle, die die Abwehrmechanismen kontrollieren. Zum anderen gibt es vielfache genetische Unterschiede, die beim Vergleich der DNA verschiedener Individuen sichtbar geworden
sind; das hat zum »genetischen Fingerabdruck« geführt, der für
jedes Individuum spezifisch und aufschlußreicher ist als der
wirkliche Fingerabdruck und besser geeignet, Verbrecher oder
Väter aufzuspüren. Immunologie und Genetik haben damit um-
fassend gezeigt, daß mit Ausnahme eineiiger Zwillinge jeder von
uns verschieden ist von den anderen menschlichen Wesen, die
auf der Erde leben, gelebt haben oder leben werden.

Von ganz besonderer Bedeutung sind diese Unterschiede zwischen den Individuen für Pathologie und Medizin. Schon seit
langem gehen die Mediziner davon aus, daß zahlreiche Krankheiten von zweierlei Faktoren herrühren: einerseits von äußeren
Faktoren wie Mikroben, Viren, Nahrungsmitteln, Giften, Toxi-
nen etc., die oft gut definiert und erfaßt sind; andererseits von

inneren, sehr viel unklarer definierten Faktoren, die im allgemeinen der Rubrik »Nährboden« oder »Veranlagung« zugeordnet
werden und an der Tatsache zu erkennen sind, daß nicht alle Individuen gleich empfänglich für die eine oder andere Krankheit
sind. Mit den Fortschritten der Humangenetik ist deutlich geworden, daß diese Vorstellung eines »Nährbodens«, also die Tatsache, daß ein gegebenes Individuum eine Neigung hat, von bestimmten Krankheiten eher heimgesucht zu werden, letztlich
die genetische Konstitution dieses Individuums widerspiegelt.
Als die Chromosomenregion mit den Histokompatibilitäts-
Antigenen HLA analysiert werden konnte, namentlich von der
Forschergruppe Jean Daussets, hat man festgestellt, daß bei Individuen, die Träger bestimmter Kombinationen der HLA-Gene
waren, eher als bei anderen eine bestimmte Krankheit ausbrach.
Die Spondylarthritis ankylopoetica beispielsweise, eine sehr
schmerzhafte und zu schweren Behinderungen führende Erkrankung der Wirbelsäule, wird sich mit einer um nahezu hundert
Prozent größeren Wahrscheinlichkeit bei Personen manifestie-
ren, die einen bestimmten Genotyp beherbergen.

In den letzten fünfzehn Jahren haben die vereinten Anstrengungen von Genetik und Molekularbiologie unsere Fähigkeiten
erweitert, die genetische Konstitution von Menschen zu analysieren. Lange Zeit haben Mikrobiologen und Mediziner Jagd
auf Bakterien und Viren gemacht, die für Ansteckungskrankheiten verantwortlich gemacht wurden. Heute sind Genetiker und
Mediziner hinter den Genen her, die sie im Verdacht haben, daß
sie eine Rolle bei irgendeiner erblichen Störung spielen. Die Erfolge häufen sich. Nicht nur werden unentwegt neue Gene aufgespürt, sondern sie werden auch auf den Chromosomen loka-
lisiert, isoliert, ihre DNA-Sequenz wird festgestellt, und es
werden Mittel gefunden, ihre Beschaffenheit bei den verschiede-

nen Individuen zu testen. Es werden sogar Moleküle entdeckt, von deren Vorhandensein bislang überhaupt nichts bekannt war, wie der Regulator der transmembranösen Leitung. Bestimmte Veränderungen bei ihm scheinen die Ursache der Mukoviszidose zu sein.

Bislang hat der ans Krankenbett gerufene Arzt eine Diagnose gestellt, und davon ausgehend versuchte er, die Entwicklung der Krankheit in Form einer Prognose vorauszusagen. Inzwischen versucht er, die Struktur der Gene, Veranlagungen und Tendenzen zu bewerten, und davon ausgehend sagt er den künftigen Gesundheitszustand voraus. Mehr noch, die prognostische Medizin begnügt sich nicht mehr damit, die zukünftige Gesundheit unserer Mitbürger einzuschätzen, das heißt der Männer, Frauen und Kinder, die jetzt leben und denen wir auf der Straße begegnen können. Sie interessiert sich auch für die nächste Generation, für jene, die morgen in unsere Fußstapfen treten werden. Die Medizin beschränkt sich nicht mehr darauf – wie sie es lange tat –, das Leben nach der Geburt zu behandeln. Inzwischen werden alle verfügbaren Mittel eingesetzt, um die Verfassung des Individuums möglichst bald nach der Empfängnis zu untersuchen. Man versucht vorauszusehen, wie das zukünftige Kind, der zukünftige Erwachsene sein wird. Seine Verfassung, seine Organe, seine Gestalt und seine möglichen Mißbildungen sollen aufgespürt werden. Lange verfügte man hier nur über die beschränkten Möglichkeiten der klassischen ärztlichen Untersuchung: Abtasten, Abklopfen, Abhorchen. Als dann die Röntgenstrahlen entdeckt wurden, sah man hier endlich etwas klarer; sie erwiesen sich jedoch sehr bald selbst als Gefahr für die zukünftige Gesundheit des Fötus. Erst vor kurzem haben die Physiker nun ein ganzes Arsenal komplexer Apparate entwickelt, die Bilder durch Echographie und Kernspintomographie erzeugen, wodurch der

Fötus sich sehr früh und mit bisher nicht gekannter Genauigkeit und Klarheit sehen läßt.

Einen wirklichen Wandel der Analyse- und Prognosemöglichkeiten bedeuteten jedoch erst die Methoden, mit denen sich Gewebeproben des Fötus entnehmen ließen. Die Entnahme geschieht durch Amniozentese oder durch Biopsie des Trophoblasten, jenes Gewebes, aus dem die äußere, an der Gebärmutterschleimhaut anliegende Eiwand besteht. Diese für den Fötus nicht ganz ungefährlichen Methoden werden nach und nach verbessert. Um eine sogenannte pränatale Diagnose zu erstellen, das heißt den Zustand der im jeweiligen Fall für wichtig erachteten Gene zu analysieren, genügen ein paar Zellen des Fötus.

Heute kennt man genetische Anomalien, die an mehr als eineinhalbtausend erblichen Störungen beteiligt sind. Mit Hilfe von DNA-Sonden läßt sich die Beschaffenheit zahlreicher dieser Gene analysieren. Andere Gene lassen sich im Verlauf der Generationen verfolgen, da sie mit Erscheinungen des Polymorphismus verbunden sind. Langsam lernt man die Bedeutung der Disposition für verschiedene Krankheiten einzuschätzen, vor allem für manche Krebsformen. An den in zahlreichen Laboratorien in aller Welt verfolgten Arbeiten, an den Fortschritten bei der Aufstellung von Chromosomenkarten und DNA-Sequenzen des menschlichen Genoms läßt sich ablesen, daß eine wachsende Zahl von Genen, deren Schädigung an den verschiedensten pathologischen Prozessen beteiligt ist, nach und nach aufgespürt werden wird. Alles ist demnach bereit, um ausgehend von der genetischen Konstitution der Individuen und insbesondere der Struktur bestimmter Gene, die für ihre möglichen pathologischen Auswirkungen bekannt sind, den biologischen Anteil am Schicksal der Individuen voraussagen zu können. Allerdings darf man hier nicht unerwähnt lassen, daß zwar immer mehr Mißbildungen genetischen Ursprungs bekannt, jedoch leider nicht alle behandelbar sind. Bei vielen liegen die genauen Auswirkungen der genetischen Schädigung noch im Dunkeln, und man verfügt im Moment über keinerlei Mittel, diese Störungen zu beheben. Andere pathologische Zustände dagegen können auf verschiedenem Wege geheilt oder gebessert werden. Die noch in ihren Anfängen steckende Gentherapie wird wahrscheinlich für so manche Erbkrankheit oder Krebsform eine Lösung bringen.

Die Prognosen, die sich beim Fötus oder beim jungen Individuum durch genetische Diagnose ergeben, sind recht unterschiedlicher Natur. Zunächst einmal kann es sich um eine Krankheit handeln, die mit Sicherheit ausbrechen wird; die genetische Schädigung zieht unausweichlich eine relativ klar definierte Pathologie nach sich. Die Krankheit tritt dann meist bei der Geburt oder unmittelbar danach zutage, wie die Bluterkrankheit, angeborene Mißbildungen oder manche Stoffwechselstörungen. Bei anderen Krankheiten dagegen lebt das Individuum über lange Zeit ein vollkommen normales Leben, und die pathologischen Erscheinungen treten erst spät auf. Dies ist der Fall vor allem bei der Chorea Huntington, einer verhängnisvollen degenerativen Nervenkrankheit, deren Wirkungen erst um das vierzigste Lebensjahr spürbar werden, oder bei der Zystenniere oder der Alzheimer Krankheit. Dies sind gewissermaßen im Genom verborgene Zeitbomben, die sich völlig still verhalten, bis sie dann plötzlich mitten im Leben explodieren.

Bei den genannten Krankheiten hat die Schädigung eines oder mehrerer Gene genügt, um einen pathologischen Zustand auszulösen. Bei anderen reicht die genetische Schädigung allein nicht aus – sie macht nur empfänglich für die Krankheit, erhöht die Wahrscheinlichkeit, daß sie auftritt. Damit die Krankheit jedoch wirklich ausbricht, sind andere, meist in Umwelteinflüssen zu suchende Ereignisse notwendig. So bei der Spondylarthritis ankylopoetica, von der schon die Rede war. Und es gibt eine Reihe von Veranlagungen, die mit diesem oder jenem Haplotyp HLA verknüpft sind, wie zum Beispiel die insulinabhängige Diabetes beim Kind oder die idiopathische Hämochromatose, eine ziemlich schwere Erkrankung des Eisenstoffwechsels. Desgleichen gibt es eine Disposition für die eine oder andere Krebsform, und allmählich kann man die entsprechenden genetischen Komponenten genauer angeben. So läßt sich voraussagen, daß ein gegebenes Individuum eine erhöhte Wahrscheinlichkeit hat, in seinem Leben zum Beispiel Darmkrebs zu bekommen, nicht jedoch Haut- oder Lungenkrebs.

Aber was bringt uns dieses Stückchen Kenntnis der Zukunft nun eigentlich im Gesundheitswesen? Bisher wurde bei einem Kranken eine medizinische Diagnose gestellt, aus der dann eine Prognose abgeleitet wurde. Nun aber versucht die Medizin, von Anfang an das genetische Potential abzuschätzen, und davon ausgehend das gesundheitliche Schicksal des Individuums zu prognostizieren. Man befragt nicht mehr die Götter, um sein zukünftiges Leben und das seiner Nachkommenschaft zu erfahren, man befragt die Gene. Mit den von der Forschung ermöglichten Neuerungen kann daraus wie immer das Ärgste und das Beste hervorgehen. Das Beste, denn ein Mensch, der gewarnt ist, lebt unter Umständen doppelt so lange, wenn eine Behandlung oder Lebensweise bekannt ist, mit denen er den genetischen Fallstricken entgehen kann. Dies ist beispielsweise der Fall bei der pränatalen Diagnose der Phenylketonurie, einer Stoffwechselstörung, bei der für den zukünftigen Säugling das Risiko einer geistigen Behinderung besteht; ihr kann mit einer geeigneten Diät begegnet und das Neugeborene vor diesem Schicksal bewahrt werden. Zum Guten wenden läßt sich die Situation auch

dann, wenn infolge einer festgestellten Veranlagung das Auftreten einer Diabetes durch geeignete Maßnahmen verhindert werden kann oder wenn durch Vermeidung von Darminfektionen
ein Rheumatismus davon abgehalten werden kann, zu früh oder
zu stark auszubrechen.

Aber aus diesen Prognosen kann auch das Ärgste erwachsen,
dann nämlich, wenn man der sich ankündigenden Krankheit
völlig hilflos gegenübersteht. Wenn sich beispielsweise bei der
pränatalen Diagnose zeigt, daß das noch ungeborene Kind an einer tödlichen Krankheit leiden wird, etwa einer Thalassämie,
oder mit furchtbaren Gebrechen zur Welt kommen wird wie bei
den schweren Myopathien. Das sind dramatische Situationen,
die dazu verpflichten, einen Schwangerschaftsabbruch ins Auge
zu fassen. Das Ärgste auch dann, wenn die genetische Diagnose
zeigt, daß ein junger Mann oder eine junge Frau mit einer
blühenden Gesundheit das dominante und unentrinnbare Gen
der Chorea Huntington in sich trägt, für die bislang keine Abhilfe und keine Behandlung bekannt sind. Die Gene zu befragen
läuft dann auf eine ganz andere Fragestellung hinaus: Wollen Sie
wissen, wann und wie Sie sterben werden? Wollen Sie wissen,
wie Sie auf eine solche Nachricht reagieren werden? Wem wollen
Sie Zugang zu dieser Information gewähren? Ihrer Familie?
Ihrem Chef? Ihrer Versicherung? Dem Staat?

Daraus folgt nur, daß um das Ärgste allmählich zum Besten zu
wenden, um Behandlungen zu finden, wo es noch keine gibt, die
Forschung weitergetrieben werden muß. Die Entwicklungen,
die man von der noch in den Kinderschuhen steckenden Gentherapie erwarten darf, können nur in diese Richtung gehen.

Damit wird deutlich, welche Entwicklung die Medizin gerade
durchmacht, und das vor allem durch die Fortschritte bei der
Analyse des menschlichen Genoms. Denn dadurch werden nach

und nach die meisten – und letztendlich alle – pathologischen Situationen, die auf die Schädigung eines einzelnen Gens zurückgehen, erkannt werden. Die pränatale Diagnostik und das Aufspüren von Krankheiten vor dem Auftreten von Symptomen wie bei der Chorea Huntington belasten über lange Jahre die Betroffenen, die sonst nichts von ihrem Zustand gewußt oder gemerkt hätten. Bisher wurde ein Individuum erst beim Auftreten gesundheitlicher Störungen zum Kranken. Die Leute kamen zum Arzt und klagten über irgendwelche Beschwerden. Mit dem Wissen über das Genom werden auch zukünftige Erkrankungen oder Krankheitsrisiken ans Licht kommen. Schon sind Familien bekannt, in denen dominante autosomale Krankheiten wie die Alzheimer Krankheit, Darmkrebs oder Brustkrebs grassieren. Mit Sicherheit werden sich noch eine Reihe weiterer pathologischer Erscheinungen in diese Kategorie fügen. Menschen werden vorzeitig zu Kranken werden. Über ihren Zustand, ihre Zukunft wird man bereits in medizinischen Begriffen diskutieren, wenn sie selbst sich noch in guter Verfassung fühlen und auch noch Jahre lang in guter Verfassung sein werden.

Durch die Daten über das menschliche Genom wird, zumindest für Schädigungen im einfachen Erbgang nach Mendel, das Potentielle ins Reale verwandelt. Selbst wenn eine Krankheit noch nicht ausgebrochen ist, hat man den biochemischen Beweis für sie schon gefunden. Je genauer wir das Genom kennen, um so mehr DNA-Sequenzen werden aufgespürt werden, in denen bestimmte Veränderungen mit einem erhöhten Risiko pathologischer Zustände wie Diabetes, Depression, Krebs, kardiovaskuläre Störungen etc. verknüpft sind. In manchen Fällen wird der pathologische Zustand von der Kombination mehrerer genetischer Veränderungen abhängen. In anderen werden noch Umweltfaktoren hinzutreten. Aber Individuen ohne jede Beein-

trächtigung ihrer Gesundheit werden schon als Kranke im An-
fangsstadium, als wahrscheinliche Herzkranke, Schizophrene
oder Krebsleidende betrachtet werden. Die Prognose klinischer
Symptome beim Individuum wird zwar relativ ungenau bleiben,
denn sie beruht auf Studien an Populationen, aber die Realität
des Risikos wird sehr viel greifbarer werden. Bislang wurde das
Risiko in abstrakten Zahlen gemessen, die kaum Auswirkungen
auf die Selbstwahrnehmung des Individuums haben. Aber nun
wird dieses gleiche Risiko in chemischen Lettern ins Genom des
Individuums eingeschrieben sein, als unauslöschlicher Bestandteil seiner selbst. Die potentiellen Kranken werden genau über-
wacht werden, von sich selbst und von ihren Ärzten, und auf das
Auftauchen der ersten Symptome lauern. Jedenfalls werden potentielle Krankheiten sich wie nie zuvor ins Bewußtsein drängen, ob Behandlungen dafür bekannt sind oder nicht.

Man sieht deutlich, wie sehr sich die Dialektik von Gleichem
und Anderem verändert hat. Wie wesentlich sie sich gewandelt
hat. Wir sind alle gleichzeitig nah verwandt und voneinander
verschieden. Die geschlechtliche Fortpflanzung ist letztlich eine
Maschine zur Erzeugung von Anderem. Anderem als die Eltern.
Anderem als alle Individuen der Gattung. Aber die auf diese
Weise hervorgebrachte Vielfalt wird nicht immer freundlich
empfangen. Sie wird selten für das genommen, was sie ist: ein
Motor der Evolution. Zu oft werden biologische Vielfalt und
soziale oder kulturelle Vielfalt zusammengeworfen. Manche
Stimmen berufen sich auf die biologische Vielfalt, um eine bestimmte gesellschaftliche Ordnung zu legitimieren: So würden
soziale Ungleichheiten einer angeblichen natürlichen Ordnung
entsprechen; auf deren Grundlage werden dann die Individuen
nach einer »Norm« klassifiziert, die die Verfechter dieser Ordnung selbst aufgestellt haben. Gelegentlich wird aber die biolo-

gische Vielfalt auch für Kritiker der Gesellschaftsordnung zum Stein des Anstoßes – sie hätten es am liebsten, wenn alle Individuen identisch wären. So ist zum Beispiel die Rede von der »Ungleichheit vor der Krankheit«. Das entbehrt jeden Sinns. Hinsichtlich der medizinischen Behandlung gibt es Ungleichheiten, nicht hinsichtlich der Krankheit. Man kann von Unterschieden im Fall einer Krankheit sprechen, nicht von Ungleichheiten. Denn damit würde man zwei deutlich unterschiedene Begriffe verwechseln: Identität und Gleichheit. Erstere bezieht sich auf körperliche und geistige Merkmale der Individuen; die zweite auf ihren gesellschaftlichen oder rechtlichen Status. Die erste wird von Biologie und Erziehung geprägt; die zweite von Moral und Politik bestimmt. In der Biologie gibt es keine Gleichheit. Man braucht schon den Humor eines George Orwell, um Tiere als mehr oder weniger gleich anzusehen. Nur allzuoft wird jedoch diese Verwechslung zwischen Identität und Gleichheit zu politischen und gesellschaftlichen Zwecken mißbraucht; entweder wird versucht, der Identität Gleichheit aufzupfropfen; oder man will im Gegenteil die Ungleichheit aufrechterhalten, indem man sie durch gegebene Unterschiede rechtfertigt. Aber gerade weil die Menschen verschieden sind, mußte die Gleichheit erfunden werden; weil es Starke und Schwache gibt, Hinterhältige und Dummköpfe. Wären wir alle identisch, wäre der Gedanke der Gleichheit bedeutungslos.

Die Vielfalt bildet geradezu die Grundlage der Biologie. Die Gene, die das Erbe einer Art bilden, verbinden und trennen sich über die Generationen und formen dabei stets verschiedene, stets flüchtige Kombinationen: Nichts anderes sind die Individuen. Durch diese unendliche Kombinatorik der Gene wird jeder von uns einzigartig. Sie gibt jeder Art ihren Reichtum und ihre Vielfalt.

KAPITEL VI
DAS GUTE UND DAS BÖSE

In der Geschichte von Adam wie in der von Faust mündet die
Erkenntnis zwangsläufig im Bösen, symbolisiert von der
Schlange bzw. vom Teufel.
In der *Antigone* des Sophokles heißt es vom Menschen:

Vom Weisen etwas, und das Geschickte der Kunst
mehr, als er hoffen kann, besitzend,
kommt er einmal auf Schlimmes, dann wieder zu Gutem.[1]

Am subtilsten erweist sich jedoch der doppelte Mythos von Prometheus und Pandora. Glaubt man Hesiod, so hat sich das
Schicksal der Menschheit in jenem Kampf entschieden, in dem
Prometheus gegen Zeus, Wissen gegen Macht, Rationales gegen
Irrationales stand. Prometheus war es nämlich, der die Menschen
aus Lehm und Wasser geschaffen hat. Athene hatte ihn Astrono-
mie, Mathematik, Architektur, Navigation, Medizin und andere
»sehr nützliche Künste« gelehrt. Sein gesamtes Wissen stellte er
der Menschheit zur Verfügung. Er war, sagt Albert Camus, »je-

---

1 Sophokles, *Antigone*, übersetzt von Friedrich Hölderlin, bearbeitet von Martin
   Walser und Edgar Selge, Frankfurt a. M. 1989.

ner Heros, der die Menschen genügend liebte, um ihnen zugleich
Feuer und Freiheit, Technik und Kunst zu schenken«.[2] Aber sehr
bald geriet er mit Zeus ins Gehege, denn dieser verachtete die
Menschen, sie waren seiner Ansicht nach zu ehrgeizig und an-
maßend.

Prometheus wurde bestraft und an seinen Felsen gekettet, weil
er das Gesetz des Zeus übertreten und ihn zum Vorteil der Menschen überlistet hatte. Er fiel in die Grube, die er selbst gegraben
hatte, und riß die Menschheit in sein Unglück mit. Pandora wurde eingeschaltet, um die Menschen zu bestrafen, jene von Zeus
geschaffene Frau, die ihnen eine Büchse voll mit allen Übeln
bringen sollte. Wäre der Deckel nicht von der Büchse gehoben
und damit die Übel in die Welt gebracht worden, so hätten die
Menschen weiterhin leben können wie zuvor, »frei von allen
Übeln und frei von elender Mühsal und von quälenden Leiden,
die Sterben bringen«. Als Antwort auf die List des Prometheus
ist Pandora selbst eine List. Sie ist die Frau gewordene Täu-
schung.

Prometheus und Pandora handeln von zwei Aspekten der gleichen Geschichte: dem Ursprung des menschlichen Elends. Die
Notwendigkeit, sich abzumühen, um sich Nahrung zu beschaffen, bedeutet für den Mann auch die Notwendigkeit, mit der
Frau Kinder zu zeugen, bedeutet geboren zu werden und zu sterben, sowie jeden Tag mit Furcht und Hoffnung auf das Morgen
zu blicken. Wie Jean-Pierre Vernant[3] gezeigt hat, führt Pandora
eine grundlegende Zweideutigkeit in die Welt ein. Sie bringt
den Kontrast und die Mischung in das menschliche Leben. Von
nun an enthält jedes Gut sein widriges Gegenstück, jedes Licht

2 Albert Camus, »Prometheus in der Hölle«, in: *Literarische Essays*, Hamburg
  1961, S. 155.
3 Jean-Pierre Vernant, a. a. O., S. 32.

seinen Schatten. Nach dem Willen von Zeus sollen Gut und Böse, aus der Erkenntnis geboren, nicht nur miteinander vermischt sein, sondern unauflöslich, untrennbar ineinander verwoben.

Und dergleichen läßt sich heute häufig beobachten. Manche schädlichen Auswirkungen der Wissenschaft und ihrer Anwendungen entstammen dem Wunsch, Gutes zu tun. So ahnten die ersten Röntgenologen kaum, daß Röntgenstrahlen Krebs verursachen könnten. Noch ahnten die Chemiker, daß der zur Verbesserung der Ernten eingesetzte Kunstdünger zur Ursache furchtbarer Umweltverschmutzungen werden würde; noch die Mediziner, daß der verbreitete Einsatz von Antibiotika zur Selektion von Mikroorganismen führen würde, die gegen Antibiotika resistent sind. Und niemand hätte ahnen können, daß die Geschwindigkeit und der Umfang der Entwicklung von Medizin und Gesundheitswesen seit Ende des 19. Jahrhunderts zu einer Überbevölkerung führen würden, die heute zu den schwerwiegendsten Bedrohungen für unseren Planeten gehört.

Prometheus stellt für die Menschheit das Symbol des Kampfes gegen die Natur dar, des Kampfes gegen die natürliche Ordnung, wie sie von den Göttern eingerichtet worden ist. Der Mensch kämpft seit jeher unablässig. Gegen das Elend. Gegen die Kälte. Gegen Krankheit und Tod. Gegen die Gewalt der ihn umgebenden Welt. Obwohl er seiner Stellung als Lebewesen nicht entrinnen kann, hat er sich geweigert, sich den Gesetzen der Natur zu beugen. Sich geweigert, ein Tier zu sein oder nur ein Tier zu sein. Diese Weigerung bringt er seit Anbeginn zum Ausdruck. Seit der Erfindung des Feuers, der Schrift oder des Rechnens. Und für diesen Kampf hat ihm die Wissenschaft, wenn auch spät, neue Waffen geliefert. Denn die Geschichte der Wissenschaften ist in gewissem Sinne die Geschichte des Kampfes der Vernunft gegen die Wahrheiten irgendeiner Offenbarung.

Die moderne Wissenschaft ist in der abendländischen Welt entstanden und ausgehend von einer Konzeption, die Erbe der griechischen Kultur ist, zur Entfaltung gekommen. Es ist die Konzeption eines spekulativen Wissens, das sich auf ein Wahrheitskriterium gründet. Wahrheit beruht auf der Übereinstimmung zwischen der im Diskurs erscheinenden Repräsentation und der Wirklichkeit. Dieses spekulative Wissen verhilft uns zu einer adäquaten Sicht der Welt, und eine solche exakte Beschreibung ist für sich genommen das höchste Ziel des Wissens. Mit dieser Form der Erkenntnis läßt sich die Realität in ihren grundlegendsten Aspekten erfassen: in ihren Prinzipien und ihrem Ursprung. Daher der Gedanke, daß wissenschaftliche Theorien sich ablösen und mehr und mehr der idealen Theorie annähern, die dann eine verbindliche Repräsentation der Wirklichkeit liefert. »Die Wissenschaft ist die Asymptote der Wahrheit«, sagte Victor Hugo, »sie nähert sich ihr unaufhörlich an und erreicht sie nie.«[4]

Doch im Verlauf unseres Jahrhunderts hat sich die Wissenschaft, auf jeden Fall aber die Experimentalwissenschaft vollständig verändert. Sie ist nicht mehr nur eine Erkenntnisweise und ein Wissenskorpus. Sie ist zu einer bedeutenden soziokulturellen Erscheinung geworden und gibt dem Schicksal unserer Gesellschaften eine ganz bestimmte Richtung. Und dieser massive Einfluß der Wissenschaft auf das von ihr bis in seine Wertsysteme hinein geprägte soziale Leben gründet sich nicht nur auf ihre neuen Darstellungen der Wirklichkeit. Sondern auch und vor allem darauf, daß sie ein Ensemble von Praktiken, Techniken

4 Victor Hugo, *William Shakespeare*, Paris 1864.

und Maschinen hervorgebacht hat, das die Lebensformen umwandelt. Denn die klassische Abgrenzung zwischen Wissenschaft und Technik ist zunehmend unklarer geworden. Es gibt kaum noch einen Unterschied zwischen einem mit Grundlagenforschung befaßten Labor an einer Universität und dem Labor eines Industrieunternehmens, das an den möglichen Anwendungen der gewonnenen Erkenntnisse interessiert ist. Im einen wie im anderen Fall findet man eine sozial durchorganisierte, konzertierte Forschungsarbeit, mit der klar definierte Ziele verfolgt werden. Es handelt sich nicht mehr bloß um die Entzifferung der Welt, sondern um ihre Veränderung.

Durch die Fortschritte in Physik und Biologie erfordert die Forschung darüber hinaus ein immer ausgefeilteres Instrumentarium. Immer mehr Hochtechnologie, immer umfangreichere industrielle Unterstützung ist notwendig, um die erforderlichen Apparate herzustellen. Apparate, die letztlich wieder nur die Übersetzung und praktische Wiederverwendung eines Korpus von wissenschaftlichen Theorien sind. Daraus ergibt sich ein interaktives Spiel, eine Komplizenschaft zwischen Wissenschaft und Technologie, die Fortschritte der einen hängen jeweils von denen der anderen ab. Dennoch verschmelzen Wissenschaft und Technologie nicht, sie haben verschiedene Interessen und funktionieren nach unterschiedlichen Regeln. Die eine will Erkenntnis produzieren, die andere auf die Welt einwirken. Wissenschaft strebt danach, darzustellen, zu verstehen. Technik danach, zu beherrschen, zu meistern. Man muß sie oft trennen. Aber sie ergänzen sich und geben sich wechselseitig Nahrung. Dieser neue Aspekt der Wissenschaft, dieser enge Zusammenhang mit einer immer weiter expandierenden und immer allgegenwärtigeren Technologie prägt heutzutage die Kultur und das soziale Leben.

Um sich davon zu überzeugen, braucht man nur einige Auswirkungen der modernen Biologie auf unsere abendländische Kultur anzusehen. Auf die Vorstellungen zunächst, dann auch auf einige Fragen, die durch neue Wirkungsmöglichkeiten aufgeworfen wurden. Die Erkenntnisse der modernen Biologie haben gelegentlich zu Vorstellungen geführt, die im Gegensatz zu lange Zeit anerkannten und manchmal noch gültigen Ideen stehen. Die lebende Welt ist gleichzeitig durch eine offensichtliche Vielfalt und eine verborgene Einheit charakterisiert. So gibt es Pottwale und Mikroben, Flöhe und Giraffen, Organismen, die in eiskalten Gegenden hausen, und andere, die nur bei hohen Temperaturen überleben. Aber hinter der Verschiedenartigkeit der Formen läßt sich eine erstaunliche Ähnlichkeit der Strukturen und Funktionen beobachten. Läßt sich die Evolutionstheorie besser demonstrieren? Von den Mikroben bis zu den Säugetieren finden sich zahlreiche chemische Verbindungen und Reaktionen wieder. Der Unterschied zwischen einer Fliege und einem Elefanten, zwischen einem Adler und einem Regenwurm geht nicht auf Veränderungen der chemischen Bestandteile zurück, sondern auf die Verteilung dieser Bestandteile. Bei allen Wirbeltieren finden sich die gleichen chemischen Reaktionen. Nicht Abweichungen der Moleküle unterscheiden ein Säugetier vom anderen. Sondern es sind – oft geringfügige – Modifikationen, die im Lauf der Entwicklung des Embryos auftauchen.

Eine andere Erkenntnis, die uns die Biologie vor Augen geführt hat: die Bedeutung der Vielfalt in der belebten Welt. Vielfalt der Arten auf der Erde, Vielfalt der Individuen innerhalb einer Art. Durch die Diversifizierung der Individuen, durch ihr fortschreitendes oder relativ plötzliches Auseinanderstreben bilden sich neue Arten. Indem das Leben sich bis zum Äußersten diversifiziert hat, indem sich Millionen neuer Arten gebildet haben, hat es sich nach und nach auf unserem ganzen Planeten

ausgebreitet und alle möglichen Ecken und Nischen erobert. Zu
dieser Diversifizierung trägt ein subtiles Spiel genetischer Vor-
richtungen bei. Hauptsächlich die Sexualität. Sie ist geradezu
eine Maschine, um Verschiedenheit hervorzubringen, mit Ausnahme eineiiger Zwillinge macht sie jeden Organismus einzigartig. Durch sie wird jedes Individuum, ob Tier oder Mensch,
verschieden von allen, die seinesgleichen sind und leben, gelebt
haben und wahrscheinlich sogar leben werden. Die genetische
Vielfalt macht den Reichtum der tierischen und pflanzlichen Arten aus, auch den der menschlichen Gattung. Denn die Vielfalt
ist gleichzeitig Ergebnis und Motor der biologischen Evolution.
Für die menschliche Gattung in ihrer Gesamtheit wie auch für
jede Population stellt sie einen beachtlichen Trumpf dar. Die
immense Mannigfaltigkeit physischer und geistiger Fähigkeiten
verleiht den menschlichen Populationen ihre Anpassungsfähig-
keit, ihr Vermögen, den wechselnden Herausforderungen der
Umwelt zu begegnen, und sie gibt ihnen ihr schöpferisches Potential. Eine aus genetisch sehr ähnlichen Individuen zusam-
mengesetzte Population wäre einem Unglück auf Gedeih und
Verderb ausgeliefert: zum Beispiel einer Epidemie oder einer
plötzlichen Veränderung der Lebensbedingungen. Jede Anstrengung, die darauf abzielt, die biologischen Eigenschaften der Individuen zu homogenisieren, zu vereinheitlichen – sei es, daß sie
durch Eugenik »verbessert« werden sollen, sei es, daß eine bestimmte Eigenschaft wie die Begabung für Mathematik oder
schnelles Laufen gefördert werden soll – wäre biologisch selbst-
mörderisch und sozial absurd. Was einem Individuum seinen genetischen Wert für die Gruppe und die Gattung gibt, ist nicht
die jeweilige Beschaffenheit seiner Gene. Sondern, daß es nicht
den gleichen Satz Gene wie die anderen hat. Daß es einzigartig
ist. Der Erfolg der menschlichen Gattung ist unter anderem

ihrer biologischen Verschiedenartigkeit geschuldet. Die Vielfalt der menschlichen Wesen muß daher sorgsam gehütet werden. Um so mehr, als die kulturelle Vielfalt, die in der Entwicklung der Menschheit eine noch wichtigere Rolle gespielt hat als die genetische, heute stark durch das von der Industriegesellschaft durchgesetzte Modell bedroht ist.

Solche neuen Erkenntnisse sind zu einem Großteil der Molekulargenetik zu verdanken. Seit der Entdeckung der DNA durch Watson und Crick hat diese Disziplin einen zentralen Stellenwert in unserer systematischen Deutung und Erklärung der lebenden Welt gewonnen. Die Genetik analysiert den Bauplan des Organismus, einen Bauplan, der in einer Reihe von Genen enthalten ist, die durch die Keimbahn weitergegeben werden und die Architektur des zukünftigen Organismus bestimmen. Lange stützte sich unsere interne Beschreibung der beteiligten Mechanismen auf Methoden der klassischen Genetik, mit denen sich die Gene auf einer Chromosomenkarte dadurch ausmachen und lokalisieren ließen, daß man das Verhalten der Merkmale über die Generationen hinweg verfolgte. Die entsprechenden Experimente umfaßten die Suche nach tierischen Mutanten, ihre Reproduktion und ihre Kreuzung in verschiedenen Kombinationen. Wirksam lassen sich diese Verfahren jedoch nur bei Mikroorganismen oder bei kleinen vielzelligen Organismen mit sehr kurzem Lebenszyklus anwenden. Im Laufe der letzten zwanzig Jahre hat die Molekulargenetik neue Techniken beigesteuert, die völlig neue Analysemethoden verfügbar gemacht haben. Die Möglichkeit, die DNA zu klonen, zu vervielfältigen und zu sequenzieren, hat die Zwänge aufgehoben, die der Reproduktionszyklus von Organismen bzw. die von kulturellen Bedingungen gezogenen Grenzen ausgeübt hatten. Es ist relativ einfach geworden, die genetische Analyse eines beliebigen Organismus durchzuführen. Insbesondere bei solchen, wo man nicht zur klassischen Analyse schreiten kann – beim Menschen zum Beispiel.

Dank dieser neuen Methoden läßt sich nun genau verfolgen, wie die Gene im Verlauf der Evolution bewahrt oder modifiziert worden sind. Und auch beobachten, wie die Evolution vorgeht, um neue molekulare Strukturen zu schaffen. Inzwischen kennt man die wichtigsten Kunstgriffe der Evolution, um aus Altem Neues hervorzubringen. Ihre Vorgehensweise erinnert an einen Bastler, der während Millionen und Abermillionen Jahren sein Werk langsam umkrempelt, indem er es ständig überarbeitet, hier etwas entfernt, dort etwas hinzufügt und alle sich bietenden Gelegenheiten ergreift, um zu berichtigen, zu verändern und schöpferisch zu sein.

Die neuen Konzeptionen der Biologie betreffen den Status des Menschen, oder vielmehr der Menschen, die alle miteinander verwandt und alle voneinander verschieden sind. Sie betreffen ferner die Beziehungen des Menschen zu den anderen Arten, und schließlich die Bastlernatur der Evolution. Selbstverständlich mußte diese veränderte Vorstellung von Vererbung und Verwandtschaft in einen Gegensatz zur traditionellen Darstellung geraten, wie sie von der abendländischen Kultur angeboten wird. Die von der modernen Biologie eingeführte Sicht der Fortpflanzung und der Sexualität läuft dieser Tradition ebenfalls und vielleicht noch mehr zuwider, und das vor allem durch die Möglichkeit, beide Prozesse voneinander abzukoppeln: Geburten zu kontrollieren, Frauen mit eingefrorenem Sperma »künstlich« zu befruchten, Befruchtungen in vitro durchzuführen, einen Embryo sich in einem anderen Uterus als dem seiner Mutter entwickeln zu lassen etc. Denn Fortpflanzung und Sexualität haben nicht nur einen zentralen Stellenwert für die Lebewesen. Beim

Menschen befinden sie sich auch genau an der Nahtstelle zwischen Kultur und Natur.

Die Ethnologen werden zwar nicht müde, über den Ursprung des Inzestverbots zu diskutieren, über seinen universalen Charakter aber herrscht Einigkeit. »Würde man zehn moderne Anthropologen bitten«, schreibt Alfred Kroeber, »eine universelle menschliche Institution zu nennen, so würden neun von ihnen wahrscheinlich das Inzestverbot wählen; mehrere von ihnen haben es schon ausdrücklich als das einzig Universale bezeichnet.«[5] Zur Erklärung des Inzestverbots wurden von manchen Anthropologen ausschließlich natürliche Ursachen angeführt. Andere sahen darin ein ausschließlich kulturelles Phänomen. Heute betrachten die meisten Anthropologen dieses Verbot als sowohl zur Natur wie auch zur Kultur gehörig.

Für Claude Lévi-Strauss ist es sogar genau der Punkt, an dem Natur und Kultur sich begegnen. »In gewissem Sinn gehört das Inzestverbot der Natur an, denn es ist eine allgemeine Voraussetzung der Kultur; daher dürfen wir uns nicht wundern, daß es seinen formalen Charakter, die Universalität, von der Natur bezieht. Doch in einem anderen Sinn ist es bereits Kultur, da es auf Phänomene, die nicht in erster Linie von ihr abhängen, einwirkt und ihnen seine Regel aufzwingt.«[6] Für den Anthropologen spielen Inzestverbot und Exogamie eine wichtige Rolle: Sie stellen unter den Menschen einen Zusammenhalt her, ohne den sie sich nicht über die biologische Organisation erheben und zur sozialen Organisation gelangen könnten.

Die Metapher des Lebens hat in den großen Mythologien und

---

5 Alfred Kroeber, »Totem and Taboo in Retrospect«, in: *The Nature of Culture*, Chicago 1968.

6 Claude Lévi-Strauss, *Die elementaren Strukturen der Verwandtschaft*, Frankfurt a. M. 1989, S. 73.

Religionen eine wichtige Rolle gespielt. Fast alle traditionellen Kulturen empfanden das Bedürfnis, dem Lebenden einen höheren Wert zu verleihen. Das Lebende ist immer ein wenig mit Magie durchtränkt. Eine Art Fetischismus hängt sich daran. Die Materie besitzt hier Eigenschaften, die ans Wunderbare grenzen. Sie wird angeregt, beeinflußt, verwandelt. Mit seinem Gefolge von Bildern, Metaphern und Sympathien nimmt das Lebende eine Sonderstellung in der Welt ein. Von vornherein steht es über allen anderen Körpern. Ihm wird immer der höchste Koeffizient zugewiesen. Neben ihm verlieren die unbelebten Gegenstände alle Farbe, jedes Relief. Von den Dingen bis zu den Lebewesen, vom Staub bis zum Denken besteht nicht nur eine Hierarchie in der Komplexität, es herrscht auch eine Wertehierarchie. Bei den Lebewesen sind die Phänomene nicht nur komplexer, sie sind auch vollkommener. Einer einzigartigen Qualität muß auch eine einzigartige Kausalität entsprechen. Die Vollkommenheit wird auf diese Weise sogar zum Erklärungsprinzip. Das Verlangen, dem Lebenden im allgemeinen, dem Menschen im besonderen einen höheren Wert zu verleihen, spiegelt sich auch in der Annahme jener außergewöhnlichen Beziehung, die das Lebende unmittelbar mit den Kräften verbindet, die die Welt regieren. Das Leben wird als heilig betrachtet. Es zeugt von göttlichem Eingreifen. Einzig die Gottheit kann Leben geben und folglich auch nehmen. Die Eltern haben nur die Aufgabe, den göttlichen Willen auszuführen.

Solange die dem Leben zugrundeliegenden Mechanismen nahezu vollständig unbekannt waren, mußte man sie wohl übernatürlichen Prinzipien zuschreiben. Aber seit man die betreffenden Reaktionen näher kennengelernt und sich sogar die Möglichkeit eröffnet hat, auf dieser Ebene einzugreifen, stehen die alten Werte zur Diskussion. Die neuen Erkenntnisse führen nicht nur zur Infragestellung der traditionellen Vorstellungen, sondern auch der Normen, die auf einer extremen Aufwertung und dem sakrosankten Charakter der Naturkräfte beruhen. Es wird zunehmend schwieriger, durchgängig und bedingungslos den Respekt gegenüber Prozessen zu bewahren, die zur Natur gehören.

Durch die Techniken der Molekularbiologie wird der Zugang zum materiellen Träger der Vererbung möglich. Es wird möglich, an der DNA herumzubasteln, sie an bestimmten Punkten zu zerschneiden, Sequenzen an andere anzufügen, kurz, im Labor die Art von Manipulationen durchzuführen, die in der Natur von der bastelnden Evolution bewerkstelligt werden. Und was dort durch die Artenschranke verhindert wird, läßt sich in der Biologie inzwischen auf tieferer Ebene realisieren. Durch diese als Gentechnologie bezeichneten Manipulationen hat die Biologie ein Instrument mit einer bisher unbekannten Wirksamkeit an die Hand bekommen. Die Gentechnologie liefert der Forschung einen vollkommen neuen experimentellen Zugang zu so komplexen Fragen wie der Entwicklung des Embryos, dem Krebs oder der Funktionsweise des Gehirns. In den meisten Bereichen der Experimentalbiologie ist sie heute zum unentbehrlichen Werkzeug geworden.

Dennoch hat die Gentechnologie leidenschaftliche und feindselige Reaktionen ausgelöst. Sie ist sogar zu einer der Hauptursachen eines tiefen Mißtrauens gegenüber der Biologie geworden. Nicht so sehr aufgrund der vieldiskutierten Gefahren, die nicht über jene hinausgehen, die man seit langem schon in Experimenten mit Bakterien und pathogenen Viren gemeistert hat. Sondern vor allem, weil uns der Gedanke irritiert, daß sich einem Organismus Gene entnehmen und dann einem anderen wieder einsetzen lassen. Der Begriff der sogenannten »Genmanipulation« oder der »rekombinanten DNA« scheint ans Übernatürliche zu grenzen. Er läßt Mythen, die ihre Wurzel in der Angst des Menschen haben, aus dunkler Vorzeit wieder aufsteigen. Er beschwört das Grausen herauf, das der Anblick von Monstren in uns auslöst, den Abscheu, der mit der Vorstellung von Hybriden, von widernatürlich vereinigten Wesen, verbunden ist.

Um sich davon zu überzeugen, genügt es, sich die Darstellungen des Jüngsten Gerichts anzusehen, die im Laufe der Jahrhunderte gefertigt wurden. Von Hieronymus Bosch beispielsweise. Die Hölle, die er uns zeigt, ist bevölkert mit den schrecklichsten Monstren, die er sich ausmalen konnte. Und diese mit dem Quälen der Sünder befaßten abscheulichen Monster sind nichts anderes als widernatürliche Hybriden: abstoßende Kreaturen wie eine Kreuzung aus Fisch und Hund, aus Ratte und Insekt, aus Mensch und Vogel. Um Angst aufkommen zu lassen, schien es Bosch am geeignetsten, der Ordnung unserer alltäglichen Welt die Unordnung einer phantastischen Welt gegenüberzustellen. Die Alpträume sind also alt, die durch die gentechnologischen Experimente wachgerufen werden. Die Gentechnologie beschwört das böse, unheilvolle Wissen herauf. Das verbotene Wissen schlechthin. Die Erkenntnis, die man nicht erlangen darf. Womit wir wieder an Prometheus erinnert werden, der bestraft wurde, weil er das den Göttern vorbehaltene Feuer gestohlen hatte. Am skandalösesten wird wohl der Nachweis empfunden, daß es so leicht ist, an jener Substanz herumzubasteln, die an der Wurzel des Lebens selbst liegt. Daß es so einfach ist, mit dem zu spielen, was die wunderbarste Geschichte und das verstörendste Problem dieser Welt bleibt: die Entstehung eines menschlichen Wesens; ein Prozeß, der mit der Vereinigung eines Spermatozoen und eines Eies beginnt, dann zur Teilung der Eizelle führt, zur Erzeugung von zwei, dann vier Zellen; dann einer kleinen Zellkugel, dann eines kleinen Zellsäckchens. Und währenddessen tauchen in diesem kleinen, potentiellen Wesen einige Zellen auf, aus denen sich allmählich eine kleine Anhäufung von Nervenzellen bildet. Und diese Zellen werden es einmal ermöglichen zu sprechen, zu schreiben, zu zählen, Geige zu spielen, eine verkehrsreiche Straße zu überqueren, zu malen oder ein Buch zu schreiben. In dieser kleinen Anhäufung von Zellen sind Algebra und Musik enthalten, Syntax und Semantik, Geometrie und Kontrapunkt. Läßt sich eine phantastischere Geschichte vorstellen?

Die Gentechnologie ist zum Hauptanklagepunkt gegen die Wissenschaft geworden: Sie gebe den Biologen die Macht, Körper und Geist des Menschen zu entwürdigen und zu versklaven. Doch die Macht, den Menschen zu verändern, ist in Wirklichkeit nicht neu. Seit mehreren tausend Jahren ist es möglich, die menschlichen Wesen einem Selektionsprogramm zu unterwerfen, ist es möglich, voneinander so verschiedene Stammbäume zu schaffen wie Pekinesen und Schäferhunde oder Doggen und Dackel. Denn Züchtung und Selektion haben die Bauern der Frühgeschichte erfunden. Es handelt sich um eine Kunstfertigkeit, die sich auf Menschen so gut anwenden läßt wie auf Pferde oder Kühe. Vielleicht sogar noch besser auf Menschen, denn ihr Körper kennt keine der Spezialisierungen, wie wir sie von Pferden, Vögeln oder Fischen kennen; ihre Stellung im Tierreich ist eher die von Amateuren. Die menschlichen Wesen weisen eine bemerkenswerte Vielfalt von Eigenschaften auf, demnach ein riesiges Entwicklungspotential, das die verschiedensten Formen der Selektion möglich macht.

Zur Selektion bei den Menschen riet der Engländer Francis Galton, ein Cousin Darwins; er prägte 1883 das Wort »Eugenik«, wörtlich: gute Gene. In seinem Buch *Genie und Vererbung*

schrieb er, daß es möglich sein müßte, »durch wohlausgewählte
Ehen während einiger aufeinanderfolgender Generationen eine
hochbegabte Menschenrasse hervorzubringen«[7]. Galton war eine
merkwürdige Persönlichkeit. Er war Biologe und Statistiker und
ein brillanter Geist. Um die Rolle und Wirksamkeit von Ge-
beten genauer festzustellen, hatte er die durchschnittliche Lebensdauer von Personen, für deren Leben am meisten gebetet
wird, nämlich die Könige von England, mit der Lebensdauer ge-
wöhnlicher Bürger verglichen. Da er nicht den geringsten Unterschied fand, zog er daraus den Schluß, daß Gebete nutzlos
sind. Galton verbrachte einen guten Teil seines Lebens damit, die
Erblichkeit einiger Eigenschaften, körperlicher wie geistiger, bei
verschiedenen Individuen oder Bevölkerungsgruppen zu analysieren und zu vergleichen. Er leitete daraus ab, daß alle untersuchten Merkmale erblich seien, die intellektuellen Fähigkeiten
wie die körperlichen Eigenschaften, das Talent wie die Geistesschwäche, der Wahnsinn und sogar die Armut! Für ihn waren die
Prozesse der natürlichen Evolution und Selektion unablässig am
Werk, manche drängten zur Verbesserung der menschlichen
Gattung, andere zu ihrer Verschlechterung. »Unser Teil ist, für
günstige Gelegenheiten zu sorgen, indem wir den ersteren freie
Bahn schaffen und die letzteren hemmen.«[8] Und so wurde die
Eugenik definiert als die Wissenschaft, mit deren Hilfe sich die
menschliche Gattung verbessern läßt, indem dem besseren Blut,
den besseren »Rassen« eine größere Chance gegeben wird, sich
schnell gegen die weniger guten durchzusetzen.

Der Gedanke ist alt, die menschliche Reproduktion zu verbessern. Er geht auf die Antike zurück. Platon wollte bei den Armen
die Geburten beschränken, da er sie als weniger intelligent

7 Francis Galton, *Genie und Vererbung*, Leipzig 1910, S. 1.
8 Ebd., S. XXVI f.

ansah. In Sparta wurden Neugeborene, die von einem Komitee von Greisen als mißgebildet beurteilt wurden, von einem hohen Felsen in die Tiefe gestürzt. Noch heute gibt es Kulturen, in denen zu viele Töchter unerwünscht sind und man sich der weiblichen Säuglinge ganz oder teilweise bei der Geburt entledigt. Im Gegensatz zu dieser negativen Eugenik durch Eliminierung steht die positive Eugenik durch Selektion, bei der es darum geht, möglichst zufriedenstellende Kinder zu haben. In Wirklichkeit ist die Fortpflanzung nie vollkommen frei. Jede Kultur hat ihre Regeln, nach denen bestimmte Ehen verboten sind, oft im Zusammenhang mit dem Inzestverbot. In unseren westlichen Gesellschaften sind Eheschließungen unter zu nahen Verwandten untersagt. Wo neue Erbkrankheiten bekannt sind, nimmt die »genetische Beratung« an Bedeutung zu; dabei wird versucht, bestimmte Paare davon abzubringen, sich fortzupflanzen. Abtreibungen werden leichter zugelassen. In Europa wurden beide Methoden der Eugenik versucht, um die Thalassämie auszurotten. In griechischen Dörfern, wo es viele heterozygote Träger gibt, die das Gen für diese Krankheit auf ihre Nachkommenschaft übertragen, und wo Heiraten oft noch arrangiert werden, hat man versucht, geheime voreheliche Diagnosen zu erstellen, und dadurch Ehen zwischen Heterozygoten zu verhindern. Das einzige Ergebnis war, daß Heterozygoten überhaupt am Heiraten gehindert wurden, da sie schnell von der Bevölkerung aufgespürt wurden. In Sardinien und Zypern hat der Versuch später stattgefunden, als man nicht nur die heterozygoten Träger erkennen konnte, sondern auch die pränatale Diagnose der Krankheit selbst möglich geworden war. In diesen Kulturen zog man es vor, sich frei zu verheiraten und bei einem homozygoten Fötus abzutreiben. Dadurch ging die Krankheit beträchtlich zurück.

In diesen Ländern scheint also die negative Eugenik tolerabler,

leichter zu handhaben, sie scheint auf weniger Hindernisse zu
stoßen als die positive Eugenik. Und dennoch gibt es nicht wenige wohlmeinende Leute, die glauben, daß es mit dem inzwischen verfügbaren Wissen und Know-how im Prinzip möglich
ist, unsere Nachwelt zu verbessern; dabei denkt man an Maßnahmen wie kontrollierte oder »empfohlene« Ehen oder eine Festle-
gung der zulässigen Kinderzahl für jedes Paar. Und das in einer
Gesellschaft, die die Rechte des Individuums hochhält! Ebenfalls
vorgeschlagen wurde die Verwendung von eingefrorenem Sperma sorgfältig ausgesuchter Spender. Es wurde sogar das Sperma
von Nobelpreisträgern empfohlen. Man kennt die Nobelpreisträger schlecht, wenn man sie so reproduzieren will. Es fragt sich,
wie die Selektion hochkomplexer Merkmale vonstatten gehen
soll, die von hochkomplexen polygenen Systemen gelenkt werden, von denen man absolut nichts weiß. Bei Hunden oder
Kühen kennt man die Merkmale, die man züchten will. Aber
beim Menschen? Abgesehen von den Faktoren, die bei der Auf-
spaltung nach Mendel für die einfachen Merkmale zuständig
sind – welche Gene sollen absolut gesehen besser sein? Und
außerdem, wie George Bernard Shaw es formulierte, »was hat
denn die Nachwelt für mich getan, daß ich etwas für sie tun
sollte?«

Anfang des Jahrhunderts wurde Galtons Eugenik positiv aufgenommen. Die meisten Genetiker standen ihr wohlwollend gegenüber, darunter einige der bekanntesten: Morgan, Fischer,
Haldane, Muller etc. Mehrere entwarfen sogar Schemata, nach
denen der Genpool verbessert werden sollte. In England und in
den Vereinigten Staaten wurden eugenische Gesellschaften gegründet. In den Vereinigten Staaten wurde ein Programm in
Gang gesetzt, bei dem im Verlauf von zwanzig Jahren mehrere
tausend als »schwachsinnig« eingestufte Personen sterilisiert

wurden. Die Wissenschaftler, die der Eugenik Vorschub geleistet hatten, die ihre Theorie ausformulierten und Anwendungsweisen vorschlugen, waren gewiß guten Glaubens. Sie glaubten an die Gültigkeit ihrer Wissenschaft. Sie wollten sie in den Dienst der Menschheit stellen. Das hieß die Rechnung ohne Hitler machen!

Es ist schwer zu glauben, daß die rassistische Ideologie der Nazis nicht von den eugenischen Ideen der Jahrhundertwende gezehrt haben soll, wie es das Buch von Daniel Kevles[9] dargelegt hat. Unter den einflußreichen Mittelsmännern war der amerikanische Genetiker Charles B. Davenport, der das Laboratorium zur Erforschung der menschlichen Evolution in Cold Spring Harbor gegründet hatte. Von den eugenischen Ideen fühlte er sich stark angezogen; er wollte die weiße Bevölkerung der Vereinigten Staaten vor einer angeblichen genetischen Verunreinigung durch Schwarze, Polen und Italiener schützen. Er war Präsident des internationalen Verbandes der Eugenik-Organisationen. In dieser Eigenschaft bat er seinen Freund Eugen Fischer, Professor für Anthropologie an der Universität zu Berlin und wichtigster Humangenetiker Deutschlands, dem Komitee für Rassenkreuzung vorzustehen. Fischer war auch einer der Autoren des Handbuchs *Menschliche Erblichkeitslehre und Rassenhygiene*, mit dem Hitler im Gefängnis seinen Rassismus genährt hatte. Zum Rektor der Berliner Universität gewählt, begrüßte es Fischer, daß die Machthaber in das Leben der Nation eingriffen: mit einer biologischen Bevölkerungspolitik, die »minderwertige« Wesen vernichtete. Zur gleichen Zeit verglich Konrad Lorenz die Vernichtung asozialer Individuen von defizitärer Konstitution mit der Vernichtung eines bösartigen Tumors;

9 Daniel Kevles, *In the Name of Eugenics*, Berkeley 1986.

erstere erschien ihm leichter und weniger gefährlich. Von Fischer
führt der Weg zu seinem Protegé und Nachfolger als Direktor
des Kaiser-Wilhelm-Instituts für Anthropologie in Berlin, Ott-
mar Freiherr von Verschuer, Professor und medizinisch ausgebil-
deter Genetiker. Und von diesem zu seinem Assistenten, dem zu
trauriger Berühmtheit gelangten Doktor Joseph Mengele, SS-
Hauptmann und mit Ermächtigung von Verschuer Lagerarzt in
Auschwitz.

Der deutsche Genetiker Benno Müller-Hill hat gezeigt, daß
Verschuer und Mengele mit den wichtigsten Wissenschaftlern
Deutschlands zusammengearbeitet haben.[10] Ihre angebliche
»Forschung« spielte sich innerhalb der offiziellen wissenschaftlichen Strukturen ab. Dabei profitierte sie von planmäßig be-
willigten Subventionen durch entsprechende Organe. Der Fortschritt der Arbeiten war Gegenstand regelmäßiger Berichte.
Alles ging seinen gewohnten wissenschaftlichen Gang. Von
Galton zu Mengele gibt es eine bruchlose Kontinuität. Vom
gutgläubigen Wissenschaftler, der in seinem Labor theoretisiert,
führt sie zum Kriminellen, der jüdischen oder Roma-Zwillingen
Formol ins Herz injizierte, um ihre verschiedenfarbigen Augen
zu entnehmen; oder Kindern den Typhuserreger einimpfte, um
die Reaktionen bei ein- und zweieiigen Zwillingen zu vergleichen.

Im Zeitalter der Gentechnologie, des »human genome pro-
ject«, der Forschungen zum Embryo und der Soziobiologie ist es
nicht möglich, das alles zu vergessen. Es ist nicht möglich, so zu
tun, als wäre in den Lagern in Nazi-Deutschland nichts passiert.
Was in diesem Zusammenhang wichtig ist, ist weniger die Rolle des Mediziners, der in diesen Lagern seine sogenannten »Ex-

10 Benno Müller-Hill, *Tödliche Wissenschaft. Die Aussonderung von Juden, Zigeunern
und Geisteskranken 1933-1945*, Reinbek b. Hamburg 1984.

perimente« durchführte. Sondern die Rolle des Wissenschaftlers, der die Theorie dazu geliefert hatte. Die Verantwortung derer, die die Lehre formuliert haben, auf die sich die gemeinste
Version eines biologischen Determinismus stützen konnte. Aus
dem zeitlichen Abstand ist es heute leicht, weise zu sein und zu
befinden, daß die meisten Vorstellungen, auf die sich die eugenische Bewegung berief, unrichtig waren. Und doch waren viele
ihrer Anhänger vollkommen respektable Männer der Wissenschaft, die im öffentlichen Interesse zu handeln glaubten. Wo
liegt also der Fehler?

Der Fehler ist, daß diese Männer den Begriff der Eugenik und
seine Implikationen nicht kritisch genug gesehen haben. Insbesondere seine sozialen Konsequenzen haben sie falsch bewertet.
Die Gefahr für den Wissenschaftler besteht darin, daß er die
Grenzen seiner Wissenschaft und damit seines Wissens nicht erkennt. Daß er vermischt, was er glaubt und was er weiß. Aber vor
allem besteht sie in der Gewißheit, recht zu haben. Die Genetiker haben ihre eugenischen Ideen nicht ausreichend mit Vorstellungen von Nicht-Wissenschaftlern konfrontiert. Sie haben sich
nicht genügend mit dem Rest der Gesellschaft auseinanderge-
setzt, bevor sie eine Lehre propagierten, deren Anwendung vor
allem die Gesellschaft betrifft. Im übrigen arbeiten Wissenschaftler oft mit Abstraktionen, mit Begriffen. Um einen Organismus zu analysieren, ist der Biologe häufig gezwungen, ihn zu
zerlegen. Er interessiert sich für ein »Objekt«, ein »System«, Organ, Gewebe, Zelltyp, Protein, Gen etc. Ein Objekt hat keine
Würde. Es hat keine Rechte. Es braucht nicht nach seiner Meinung gefragt zu werden, man kann mit ihm machen, was man
will. Aber es ist anders, wenn man sich an Menschen wendet. Mit
einem Menschen darf kein wie auch immer geartetes Experiment
ohne seine Zustimmung durchgeführt werden. Unter allen Um-

ständen müssen der Respekt vor dem einzelnen Menschen und
dessen Würde gewahrt bleiben. Sogar wenn er sich selbst zum
Objekt nimmt, muß der Mensch Subjekt bleiben.

Gelegentlich wird angeregt, allein die »gute« Forschung wei-
terzuverfolgen, diejenige, von der man annimmt, daß sie der
Menschheit nur Wohltaten bringt, und die »schlechte« sein zu
lassen, diejenige, die ihr Probleme bereiten könnte. Wer so etwas
vorschlägt, weiß nicht, was Wissenschaft ist. Forschung ist ein
Prozeß ohne Ende. Es läßt sich nie voraussehen, wie er sich entwickeln wird. Das Unvorhersehbare liegt in der Natur des wissenschaftlichen Unternehmens. Wenn das, was man findet, wirklich neu ist, ist es definitionsgemäß etwas, das man vorher nicht
gekannt hat. Es gibt keinerlei Möglichkeit vorauszusehen, wohin die Entwicklung eines bestimmten Forschungsgebiets
führen wird, und demnach auch nicht, worin seine Anwen-
dungsmöglichkeiten liegen werden. Daher lassen sich auch nicht
ein paar Aspekte der Forschung herausgreifen und die anderen
verwerfen.

Manchmal wird auch ein anderer Vorschlag gemacht: die Genforschung abzubrechen. Es gäbe Türen, die man besser nicht öffnen sollte. Türen, hinter denen man etwas finden könnte, was
beispielsweise die Gefahr mit sich brächte, Rassenkonflikte zu
verschärfen. Das erinnert wieder an Adam oder Prometheus.
Doch nicht die Erkenntnis ist gefährlich, sondern die Unkenntnis. Auch ist nicht recht zu sehen, welche Macht in der Lage sein
sollte – und kraft welcher Argumente –, über die kulturellen,
politischen und religiösen Unterschiede hinweg, von den wissenschaftlichen ganz zu schweigen, alle Genforschungslabors auf
der ganzen Welt zu schließen. Außerdem würde man sich damit
nicht nur von der »schlechten« Genetik abschneiden, sondern
auch von der »guten«. Und unsere Medizin beruht mittlerweile

zu einem guten Teil auf der Genetik. Nach dem letzten Weltkrieg hatten die Sowjets aus rein ideologischen Gründen und unter totaler Mißachtung der seit dreißig Jahren nahezu überall in der Welt zusammengetragenen wissenschaftlichen Daten entschieden, daß die Genetik eine bürgerliche, aus den kommunistischen Ländern zu verbannende Wissenschaft sei. Auf Befehl Stalins wurde die Genetik durch die deliranten Theorien Lyssenkos ersetzt. Die Ergebnisse dieser Operation sind bekannt. Mehrere Jahrzehnte lang ist die Entwicklung der Biologie und die ihrer landwirtschaftlichen und medizinischen Anwendungen in den Ländern des Ostens völlig blockiert worden, und davon haben sie sich noch immer nicht vollständig erholt.

Auf welcher Ebene soll man also Gut und Böse bei den Anwendungen unterscheiden? Zum Beispiel bei der Gentherapie, die sich in den kommenden Jahren weiter entwickeln wird? »Die einzige Art, gegen die Pest zu kämpfen, ist die Ehrlichkeit«, schrieb Albert Camus.[11] Und nur durch Ehrlichkeit kann der Wissenschaftler die schlechte Anwendung seiner Wissenschaft verhindern. Ehrlichkeit bedeutet hier, daß der Wissenschaftler es sich schuldig ist, die Wahrheit zu sagen. Aber die *ganze* Wahrheit, und *nichts als* die Wahrheit. Als erstes muß er sprechen und sich der Öffentlichkeit verständlich machen. Er muß seinen Zeitgenossen erklären, was er tut, was der Stand seiner Wissenschaft ist, was daran neu ist, was davon zu erwarten ist, wie der etwas beunruhigende Begriff der Gentherapie sich nach und nach durchgesetzt hat; bei dieser geht es ja darum, eine genetische Krankheit zu behandeln, indem man den Kranken mit der funktionsfähigen Version eines schadhaften Gens versorgt. Der Genetiker muß die Schwierigkeiten und Hoffnungen aufzeigen, die

11 Albert Camus, *Die Pest*, Hamburg 1950, S. 134.

eine solche Technik mit sich bringt. Und zwei sehr verschiedene
Situationen deutlich machen. Bei der einen werden Zellen eines
kranken Gewebes entnommen, beispielsweise Blutzellen, in die
man ein gesundes Exemplar des betroffenen Gens einfügt – dann
werden dem Kranken seine eigenen behandelten Zellen wieder
injiziert. Diese Behandlung ausschließlich somatischer Zellen
unterscheidet sich also im Prinzip nicht von Behandlungsme-
thoden, wie sie schon lange in der Medizin verwendet werden:
Prothese, Implantat oder Organverpflanzung.

Aber man kann ein Gen auch in einer Weise injizieren, daß es
sich in alle Zellen des Körpers einfügt, einschließlich der Keim-
zellen, also der Fortpflanzungszellen eines Individuums. Es
könnte dann an seine Nachkommenschaft weitergegeben werden. Hier ist die Situation sehr viel komplexer. Um dieses Resultat zu erzielen, müßte man nämlich DNA in befruchtete Eizellen
injizieren, bevor irgendeine Zellteilung stattgefunden hat. Bei
der Erzeugung solcher Embryos, zwangsläufig durch eine Befruchtung in vitro, müßte man eine Reihe von Embryos erhalten,
unter denen sich immer auch normale befinden würden, also solche ohne die geschädigten Gene. Dann aber wäre es sehr viel einfacher, diese gesunden Embryos auszuwählen als den kranken
neue Gene zu injizieren. Mit anderen Worten: Die Gentherapie
erscheint hier gegenstandslos. Allerdings ist es möglich, durch
diese Technik ein neues genetisches Merkmal hinzuzufügen, beispielsweise ein Gen, das den Menschen gewisse Vorteile bringen
könnte. Was bei Pflanzen und Tieren schon häufig gemacht wird.
Aber damit ändert sich die Zielsetzung. Es wird das Erbgut der
Menschheit angetastet. Hier handelt es sich nicht mehr darum,
den Menschen zu behandeln, sondern ihn zu verändern, zu gestalten. Und alle Biologen scheinen in diesem Punkt einig: daß
dies um jeden Preis vermieden werden muß. Bei Fragen von sol-

cher Tragweite ist es in keinem Fall Sache des Wissenschaftlers
zu entscheiden. Sondern der Gesellschaft. Der Bürger. Die Rolle
des Wissenschaftlers besteht darin, ihnen die Situation zu erklären, mit ihren Möglichkeiten, ihren Vorteilen, ihren Gefahren. Das alles läßt sich in einfacher Weise darlegen. Denn nur,
wenn die mit der Genetik verbundenen Probleme von der
Öffentlichkeit verstanden werden, kann die Angst vor dem Unbekannten zerstreut werden. Das Ideal bestünde darin, daß diese
Fragen so angegangen und diskutiert werden könnten wie beispielsweise die Fragen der Abtreibung, der Euthanasie oder der
Grenzen sinnvoller Therapie.

Die Wahrheit zu sagen, reicht nicht aus. Man muß auch die
ganze Wahrheit sagen. Nichts verheimlichen. Und hier ist die
Verantwortung des Wissenschaftlers unmittelbar gefordert. Er
darf nichts von dem im verborgenen lassen, was er an Anwen-
dungsmöglichkeiten und Bedrohungen voraussieht. Im Fall der
Gentherapie muß er alle Schwierigkeiten des Unternehmens und
alle eventuellen Gefahren beschreiben. Von den Vektoren sprechen. Die Rolle der rekombinanten Viren deutlich machen. Die
Möglichkeit aufzeigen, daß die injizierte DNA sich nah an einem Onkogen-Supressor einfügt, was einen Krebs auslösen
könnte. Er muß das einzugehende Risiko abschätzen und erklären, warum es angesichts der Schwere der Krankheit, solange
es keine andere Therapiemöglichkeit gibt, dennoch eingegangen
werden sollte.

Schließlich muß der Wissenschaftler *nichts als* die Wahrheit sagen. Es ist falsch, Luftschlösser zu malen und Versprechungen zu
machen, um Ruhm zu ernten oder Subventionen. Den Glauben
zu verbreiten, daß morgen alle Krankheiten geheilt werden
können. Mit dem Versuch, in einige Formen von Krebsgesche-
hen einzugreifen, hat die Gentherapie in den Vereinigten Staaten

angefangen. Man darf nicht den Glauben verbreiten, daß durch sie bald alle bösartigen Tumoren beherrschbar werden. Oder daß eine genetische Krankheit besiegt ist, sobald die fragliche DNA-Sequenz isoliert wurde. Für die Öffentlichkeit ist es nicht so wichtig zu wissen, ob eine bestimmte wissenschaftliche Theorie – beispielsweise über den bakteriellen Ursprung der Mitochondrien – wahr ist oder nicht. Wohl aber, ob man durch Gentherapie einen Kranken von seiner Duchesneschen Krankheit oder Mukoviszidose heilen kann. Oder ob die geistigen Fähigkeiten der Individuen sich wie einfache Mendelsche Merkmale verhalten oder nicht. Ob sie biologisch determiniert sind oder nicht. Wenn der Wissenschaftler sich auf ein Gebiet mit so gewaltigen gesellschaftlichen Konsequenzen begibt, ist er es sich schuldig, besonders vorsichtig mit seinen Äußerungen zu sein. Er muß die Grenzen der genetischen Analyse klar aufzeigen, ohne Schlüsse auf einen Bereich zu übertragen, den er nicht in allen Einzelheiten beherrscht.

Wir werden ewig die Opfer von Zeus und Pandora bleiben. Als Zeus alle Übel in den Tonkrug einschloß, den Pandora öffnen sollte, hat er die Menschheit gezwungen, zu kämpfen, um zu überleben. Einfallsreichtum und Erfindungsgeist an den Tag zu legen, um sich gegen Kälte, Hunger, Krankheit und die verschiedensten Gefahren zu schützen. Er hat die Menschen zu einer Forschung verdammt, die kein Ende finden kann.

Kapitel VII
Das Wahre und das Schöne

Einstein pflegte zu sagen: »Wenn ihr von den theoretischen Physikern etwas lernen wollt über die von ihnen benutzten Methoden, so schlage ich euch vor, am Grundsatz festzuhalten: Höret nicht auf ihre Worte, sondern haltet euch an ihre Taten!«[1] Die meisten Menschen sehen in der wissenschaftlichen Forschung einen rein logischen Prozeß. Sie betrachten sie als kalte und strenge Tätigkeit. So kalt und streng, wie sie in wissenschaftlichen Handbüchern und in historischen oder epistemologischen Werken erscheint. Die Philosophen beschreiben bis ins Unendliche die hypothetisch-deduktive Methode. Sie analysieren im Detail den Entdeckungsprozeß. Sie diskutieren Beweis und Gegenbeweis. Sie sprechen von Wahrheit und von »Wahrheitsähnlichkeit«. Und die Wissenschaftler beschreiben ihre eigene Aktivität als wohlgeordnete Folge von Begriffen und Experimenten, die in einer strengen logischen Ordnung miteinander verknüpft sind. In wissenschaftlichen Artikeln schreitet die Vernunft auf einem Königsweg von der Finsternis zum Licht. Nicht der geringste Irrtum. Nicht das

---

1 Albert Einstein, *Mein Weltbild*, hrsg. von Carl Selig, Frankfurt a. M., Berlin 1988, S. 113.

kleinste falsche Urteil. Keine Verworrenheit. Nichts als eine per-
fekte, bruchlose Beweisführung.

Schaut man sich jedoch näher an, was die Wissenschaftler tun,
hält man sich also an ihre Taten und hört nicht auf ihre Worte, so
stellt man erstaunt fest, daß die Forschung in Wirklichkeit zwei
Gesichter hat, die ein guter Autor als Tagwissenschaft und
Nachtwissenschaft bezeichnet hat. Wie ein Räderwerk greifen
die Beweisführungen der Tagwissenschaft ineinander, und ihre
Resultate haben die Kraft der Gewißheit. Ihre majestätische
Ordnung läßt sich bewundern wie ein Gemälde von Leonardo da
Vinci oder eine Fuge von Bach. Man kann sich darin ergehen wie
in einem französischen Garten. Ihrer Vorgehensweise bewußt,
stolz auf ihre Vergangenheit und ihrer Zukunft sicher schreitet
die Tagwissenschaft im Licht und im Ruhm voran.

Die Nachtwissenschaft dagegen ist blindes Irren. Sie zögert,
stolpert, weicht zurück, gerät ins Schwitzen, schreckt auf. An
allem zweifelnd, sucht sie sich, hinterfragt sich, setzt immer wieder neu an. Sie ist eine Art Werkstatt des Möglichen, in der das
künftige Material der Wissenschaft ausgearbeitet wird. Hier
bleiben die Hypothesen vage Ahnungen, undeutliche Empfin-
dungen. Hier sind die Phänomene noch Einzelerscheinungen
ohne Zusammenhang, sind die Pläne für Versuchsreihen noch
nicht ausgereift. Hier arbeitet sich das Denken über verschlun-
gene Wege vor, über verwinkelte Gäßchen, die sich meist als
Sackgassen erweisen. Dem Zufall ausgeliefert, irrt der Geist
durch ein Labyrinth, einer Flut von Hinweisen ausgesetzt, auf
der Suche nach einem Zeichen, einem Wink, einem unvermuteten Zusammenhang. Wie ein Gefangener in seiner Zelle läuft er
im Kreis, sucht nach einem Ausweg, einem Lichtschimmer. Unvermittelt springt er von Hoffnung zu Enttäuschung, von Begei-
sterung zu Melancholie. Nichts läßt darauf schließen, daß die

Nachtwissenschaft jemals das Tagesstadium erreichen wird, daß der Gefangene dem Dunkel entkommen kann. Und geschieht es doch, so ist es unerwartet, wie durch eine Laune. Aus dem Nichts, wie eine Urzeugung. Irgendwo, irgendwann, wie ein Blitz. Was den Geist hier leitet, ist nicht Logik, sondern Instinkt, Intuition. Das Bedürfnis, klar zu sehen. Leidenschaftlicher Lebenswille. In dem endlosen inneren Monolog, unter den zahllosen Annahmen, Vergleichen, Kombinationen, Assoziationen, die den Geist unaufhörlich durchqueren, zerreißt hin und wieder ein Feuerschein die Dunkelheit. Erleuchtet plötzlich die Landschaft mit seinem blendenden, erschreckenden Licht, stärker als tausend Sonnen. Nach der ersten Erschütterung beginnt ein zäher Kampf mit den Denkgewohnheiten. Ein Konflikt mit der Begriffswelt, die unsere Gedankengänge ordnet. Noch berechtigt nichts zu der Annahme, daß die neue Hypothese über ihre erste, grobe, skizzenhafte Form hinauskommen und verfeinert und vervollkommnet werden wird. Daß sie der Überprüfung durch die Logik standhalten, daß sie in die Tagwissenschaft aufgenommen werden wird.

Sobald der Wissenschaftler dann einen Artikel schreibt, um das Resultat seiner Arbeit zu veröffentlichen, vergißt er, bewußt oder unbewußt, die Nachtwissenschaft, um nur noch von der Tagwissenschaft zu sprechen. Nun geht es darum, Ordnung in eine Masse von Daten zu bringen, die im Laufe der Monate und Jahre gesammelt worden sind. Ihnen eine Form zu geben, eine vernünftige Geschichte aus ihnen herauszuholen, die dann den offiziellen Forschungsbericht darstellen wird. Eine Geschichte, die stark und einleuchtend genug ist, um die Kollegen zu überzeugen. Um sie dazu zu bringen, den Gesichtspunkt des Autors zu übernehmen, und vielleicht sogar, um ihre eigene Forschung zu erhellen.

Wahrhaftig eine seltsame Übung. Wissenschaft ist vor allem eine Welt von Gedanken in Bewegung. Die Niederschrift bringt diese Gedanken zum Stillstand; läßt sie erstarren; als wollte man ein Pferderennen mit einer Momentaufnahme wiedergeben. Der schriftliche Bericht verwandelt sogar die Natur der Forschung; er formalisiert sie. Eine wohlgeordnete Parade von Begriffen und Experimenten tritt an die Stelle eines Durcheinanders ungeordneter Anstrengungen, an die Stelle von Versuchen, die dem hartnäckigen Bemühen entsprungen sind, klarer zu sehen. Auch an die Stelle von Visionen, von Träumen, von unverhofften Zusammenhängen, von oft kindischen Vereinfachungen, von auf gut Glück in alle Richtungen ausgeworfenen Netzen, ohne recht zu wissen, wo man etwas fangen wird. Kurz, an die Stelle der Unordnung und der Geschäftigkeit, die das Leben eines Labors ausmachen. Warum sollte man nicht in dem Maße, wie die Partie fortschreitet, versuchen, sich den Anteil des Zufalls und der Inspiration einzugestehen? Damit eine Arbeit jedoch akzeptiert, eine neue Denkweise angenommen wird, muß die Forschung von jeder affektiven oder irrationalen Schlacke gereinigt werden. Von jedem persönlichen Beigeschmack befreit, von jedem menschlichen Geruch. Sie muß den Königsweg durchlaufen, der von der stammelnden Jugend zur reifen Blüte führt. Die wirkliche Reihenfolge der Ereignisse, der Entdeckungen, muß ersetzt werden durch das, was als logische Reihenfolge erscheint; ihr hätte man zweifellos folgen müssen, wären die Schlußfolgerungen von Anfang an bekannt gewesen. Es liegt etwas Rituelles in der Darstellungsweise wissenschaftlicher Forschungsberichte. Es ist fast, als schriebe man die Geschichte eines Krieges und legte nur die Mitteilungen des Generalstabs zugrunde.

Die Wissenschaften in ihrer modernen Form sind am Ende der Renaissance entstanden. In einem Moment, als der abendländische Mensch seine Beziehung zur Welt grundlegend veränderte; als er sich bemühte, das Zeugnis seiner Sinne besser zu nutzen, um das ihn umgebende Universum zu konstruieren. Mit der Renaissance wandelt sich auch die abendländische Kunst und beginnt, sich grundlegend von der anderer Kulturen zu unterscheiden. Mit der Erfindung der Lichtgebung und der Perspektive, des Ausdrucks und der Tiefe verändert sich in Europa im Verlauf weniger Generationen die Funktion der Malerei. Bisher symbolisierte sie. Nun repräsentiert sie, stellt sie dar.

Beim Besuch eines Museums nimmt man in der Malerei eine Reihe sukzessiver Anstrengungen wahr, die an die der Wissenschaft erinnern. Von den primitiven bis zu den barocken Malern sieht man das Bemühen, unablässig die Darstellungsmittel zu verbessern, Dinge und Wesen immer getreuer wiederzugeben. Durch optische Illusionen wurde eine vollkommen neue, nach allen Seiten hin offene Welt ausgearbeitet. Es gibt geradezu einen Bruch zwischen einer Madonna von Cimabue, die vor einer symbolischen Landschaft in ihren Schleiern erstarrt ist, und einer Frau von Tizian, die frei und nackt auf ihrem Bett liegt. Dieser Bruch entspricht dem zwischen der geschlossenen Welt des Mittelalters und dem unendlichen Universum, wie es Giordano Bruno beschreibt. Denn die in der Malerei zu beobachtende Veränderung reflektiert die allgemeine Umwälzung, die mit der politischen Eroberung des Erdballs zusammenhängt und mit der neuen Repräsentation der Welt, zu der der abendländische Mensch ansetzt. Zwischen dem 13. Jahrhundert und dem Zeitalter der Klassik erfolgt in Europa ein Wandel aller menschlichen Aktivitäten. Nicht nur wird die Symbolisierung durch die Repräsentation abgelöst, sondern auch die Monodie durch die Polyphonie, das Gebet durch die Tat, das Mysterienspiel durch das Drama, die Erzählung durch den Roman, die Chronik durch

die Geschichte und der Mythos durch die wissenschaftliche
Theorie. Dennoch sollte man nicht vergessen, daß die Entwicklung der modernen Wissenschaft zu einem guten Teil durch die
Struktur des jüdisch-christlichen Mythos ermöglicht wurde. Sie
beruht auf der Lehre von einer Ordnung in einem Universum,
das von einem Gott erschaffen worden ist, wobei dieser selbst
nicht Teil der Natur ist, sondern sie durch Gesetze regiert, die für
die menschliche Natur einsehbar sind.

In gewisser Weise spielen Wissenschaft und Mythos eine vergleichbare Rolle. Sie antworten beide einem Bedürfnis des
menschlichen Geistes, denn sie liefern ihm eine Darstellung der
Welt und der sie regierenden Kräfte. Diese Darstellung muß jedoch einheitlich und kohärent sein, damit sie uns nicht ängstigt
oder zum Wahnsinn treibt. An Einheit und Kohärenz ist der Mythos der Wissenschaft zweifellos überlegen. Die Wissenschaft
scheint sehr viel weniger Ambitionen zu haben. Sie sucht nicht
alles auf Anhieb zu erklären. Sie beschränkt sich auf definierte
Fragen. Sie richtet sich auf umschriebene Phänomene, die sie mit
Hilfe ausführlicher Experimente zu erklären versucht. Und sie
weiß heute, daß ihre Antworten immer nur partiell und proviso-
risch sein können.

Die anderen Erklärungssysteme – Magie, Mythos und Religion – verstehen sich dagegen als universal. Sie haben eine Antwort auf alle Fragen, auf jedem Gebiet. Ohne Zögern beschreiben sie nicht nur den gegenwärtigen Zustand des Universums,
sondern auch seinen Ursprung und sogar sein weiteres Werden.
Zwar akzeptieren viele Menschen die von Mythos oder Magie an-
gebotene Erklärungsweise nicht, doch wer wollte ihr die Kohärenz und Einheit absprechen? Denn hier wird a priori ein und
dasselbe Argument verwendet, um auf jede beliebige Frage zu
antworten und jedes beliebige Problem zu lösen. Auch wenn sie

sehr verschieden sind, gehen alle Erklärungssysteme, Wissenschaft wie Mythos oder Magie, auf dieselbe Weise vor. Es handelt sich immer darum, wie Jean Perrin[2] sagte, die sichtbare Welt durch unsichtbare Kräfte zu erklären; sich über das, was man beobachtet, durch das, was man sich vorstellt, Rechenschaft abzulegen. Für die einen ist der Blitz ein Ausdruck für den Zorn des Zeus; für die anderen eine Potentialdifferenz zwischen Wolken und Erde. Eine Krankheit ergibt sich für die einen aus einem mißgünstigen Schicksal; für die anderen aus einer bakteriellen oder Virusinfektion. Doch in allen diesen Fällen erscheint das beobachtete Phänomen als sichtbare Auswirkung einer verborgenen Ursache; und diese gehört zu dem unsichtbaren Netz von Kräften, von denen man annimmt, daß sie die Welt regieren.

Wie gesagt, die Wissenschaft scheint sowohl in ihren Fragen als auch in ihren Antworten auf den ersten Blick weniger kühn als der Mythos. Im allgemeinen sieht man den Beginn der modernen Wissenschaft darin, daß nicht mehr gefragt wurde: Woher kommt das Universum? Woraus besteht die Materie? Was ist das Leben? Sondern daß sich Fragen folgender Art stellten: Wie fällt ein Stein? Wie fließt Wasser durch eine Röhre? Wie zirkuliert das Blut im Körper? Daraus ergab sich eine erstaunliche Veränderung. Die allgemeinen Fragen führen immer nur zu eingeschränkten Antworten. Die eingeschränkten Fragen führen dagegen offenbar zu immer allgemeineren Antworten.

Mag die Repräsentation der Welt, die sich der Mensch bildet, wissenschaftlichen oder mythischen Ursprungs sein, sie erfordert immer auch reichlich Phantasie. Oft glaubt man, für ein wissenschaftliches Werk brauche man nur zu beobachten und experimentelle Ergebnisse zu sammeln, um dann eine Theorie daraus

---

2 Jean Perrin, *Les Atomes*, Paris 1914.

zu entwickeln. Das trifft nicht zu. Man kann sehr wohl jahrelang
ein Objekt unter allen möglichen Blickwinkeln betrachten, ohne
daß daraus je auch nur die geringste Beobachtung von wissenschaftlichem Wert hervorgeht. Diese wird sich nur einstellen,
wenn man schon eine bestimmte Idee von dem zu Beobachten-
den hat. Ein wissenschaftliches Problem entwickelt sich oft aus
einem unbekannten Aspekt der Dinge, der plötzlich entdeckt
wird; nicht notwendigerweise durch die Einführung eines neuen
wissenschaftlichen Instruments; sondern durch eine noch nicht
dagewesene Weise, die Objekte zu betrachten, sie unter einem
überraschenden Gesichtspunkt zu sehen, ihnen mit einem neuen
Blick zu begegnen. Einem Blick, der immer von einer Konzeption dessen geleitet wird, was die »Wirklichkeit« sein muß, sein
könnte. Es gibt keine brauchbare Beobachtung ohne eine bestimmte Vorstellung vom Unbekannten, von jener Region, die
jenseits dessen liegt, was Experiment und Schlußfolgerung uns
glauben lassen. Wie Peter Medawar hervorhebt[3], beginnt die
wissenschaftliche Untersuchung immer mit der Erfindung einer
möglichen Welt oder eines Bruchstücks einer möglichen Welt.

Auch das mythische Denken beginnt so. Doch es geht nicht
darüber hinaus. Es errichtet, was ihm nicht nur die beste aller
Welten erscheint, sondern auch die einzig mögliche. Danach
wird dann ohne Schwierigkeit die Wirklichkeit in dem so ge-
schaffenen Rahmen untergebracht. Jedes Ereignis wird nun zum
Zeichen, hervorgebracht von den Kräften, die die Welt lenken,
und beweist damit gleichzeitig ihr Vorhandensein und ihre Bedeutung. Für das wissenschaftliche Vorgehen dagegen tritt die
Phantasie nur am Anfang des ganzen Prozesses in Funktion. Danach muß sie sich wieder in Frage stellen lassen; sich den Experi-

3 Peter Medawar, *The Hope of Progress*, New York 1973.

menten, der Kritik, der Widerlegung aussetzen; kurzum, der Anteil des Traums an der mit Hilfe der Phantasie konstruierten Repräsentation der Welt muß begrenzt werden. Die Wissenschaft ist imstande, viele mögliche Welten zu imaginieren. Aber sie interessiert sich nur für diejenige, die existiert und ihre Prüfungen schon lange bestanden hat. Um nicht der Phantasie freien Lauf zu lassen, muß im wissenschaftlichen Vorgehen unablässig das, was sein könnte, mit dem konfrontiert werden, was ist.

In der abendländischen Welt sind Wissenschaften und Künste fast immer gleichzeitig und an denselben Orten aufgeblüht. Manchmal gibt es sogar erstaunliche Übereinstimmungen zwischen bestimmten Aspekten der Künste und der Wissenschaften. Beispielsweise gibt es vom Ende der Renaissance bis zur Revolution der Romantik eine Übereinstimmung zwischen der Literatur und der Erforschung der lebenden Welt. Das sogenannte »klassische Zeitalter«, das 17. Jahrhundert, ist vor allem als Epoche der Repräsentation bekannt, das heißt der Erforschung der Formen und ihrer Organisation in allen Bereichen. Das gilt selbstverständlich für die sichtbaren Formen; für die Malerei, wo die *Meninas* von Velázquez geradezu das Symbol dieser Epoche bilden, »die Repräsentation der klassischen Repräsentation« nach den Worten Michel Foucaults[4]. Angesichts mancher religiöser Darstellungen gab es sogar Andachtsübungen, die einen so starken Glauben an die Wirklichkeit und Wirksamkeit des dort Dargestellten verrieten, als handelte es sich um wirkliche Reliquien. Die gleiche Situation finden wir bei den musikalischen Formen. Oder bei den sprachlichen, wo das Instrumentarium der Sprache definiert und die Struktur der Diskurse analysiert wer-

4 Michel Foucault, *Die Ordnung der Dinge. Eine Archäologie der Humanwissenschaften*, Frankfurt a. M. 1971, S. 45.

den. Als eine der Hauptformen des literarischen Ausdrucks erweist sich in dieser Epoche das Theater, Komödie wie Tragödie.
Shakespeare, Molière, Racine, Calderon beschreiben in ihren
Werken eine Vielfalt von Personen, und diese werden nach ihren
Verhaltensweisen wahrgenommen, das heißt durch das, was von
ihnen zu sehen und zu hören ist. Zur gleichen Zeit wird in der
Naturgeschichte versucht, Pflanzen und Tiere nach ihrer sichtbaren Struktur zu klassifizieren, nach dem, was von ihrer Oberfläche
wahrzunehmen ist. In beiden Fällen stützt sich die Analyse auf
die äußere Hülle der Wesen, auf das, was von außen wahrnehm-
bar ist. Gegen Ende des 18. Jahrhunderts findet ein radikaler Per-
spektivenwechsel statt. Das Zentrum des Interesses verlagert sich
in beiden Bereichen nach innen. Zum einen beginnen die Dichter und Schriftsteller, die die literarische Hauptströmung verkör-
pern, von sich selbst zu sprechen und ihre Personen von innen
heraus zu beschreiben. Sie verschieben deren Schwerpunkt. Sie
bringen seelische Zustände zum Ausdruck. Zum anderen beginnen die Naturforscher damit, sich für die allen Lebewesen gemeinsamen Eigenschaften zu interessieren. Sie stellen fest, daß
hinter der sichtbaren Oberfläche der Tiere eine »Organisation«
vorhanden ist; diese beherrscht die Beziehungen zwischen den
Teilen, zwingt die Organe zur Zusammenarbeit und koordiniert
so die Lebensfunktionen. Nun beginnt man vom Leben zu sprechen und versucht zu bestimmen, was es vom Tod trennt. Bemer-
kenswerterweise taucht das Wort »Biologie« gleichzeitig an
mehreren Orten genau in dem Moment auf, wo der erste Selbst-
mord in der modernen Literatur stattfindet: Es ist der des jungen
Werther.

Ende des 19. Jahrhunderts bahnt sich eine weitere Veränderung an, die das abendländische Denken in seinen unterschiedlichsten Aspekten modifizieren und die bestehende Ordnung

umwälzen wird. Sogar das »Ich« wird erschüttert, als die Freudsche Psychoanalyse das Subjekt aufbricht, es gewissermaßen atomisiert; und damit jeden einfachen und unmittelbaren Rückgriff auf Vernunft und Logik zur Erklärung einer vielschichtig gewordenen Persönlichkeit unmöglich macht; einer Persönlichkeit, die sich selbst zunehmend mysteriöser wird. In der Literatur wird der Status der Sprache in Frage gestellt; der Dichter Stéphane Mallarmé spricht von einem Riß, der sich zwischen dem Wort und der Sache, auf die es sich bezieht, auftut. Das Wort »Rose« hat weder Farbe, noch Geruch, noch Dornen. Es blüht nicht. Es läßt sich nicht pflücken. Es ist nichts weiter als ein Zeichen, das nichts mit der Blume zu tun hat, die es darstellt. Und genau diese Leere, die »Abwesenheit des Dings«, wie Mallarmé sagt, verleiht der Sprache ihre Geschmeidigkeit und Kraft. Weil das Wort ganz und gar abgekoppelt ist von dem, worauf es sich bezieht, besitzt es das Vermögen, mit allen anderen Wörtern zu reagieren, sich mit ihnen in einer Unendlichkeit von Sätzen zu kombinieren, aus denen sich die Sprache zusammensetzt.

Durch das Bewußtsein einer Leere im Zentrum der Sprache hat sich so ein Riß in deren Bedeutung aufgetan, in der Beziehung der Sprache zur Fülle der Welt. Daraus ergibt sich ein Ungleichgewicht, eine Destabilisierung, die im 20. Jahrhundert zu tiefgreifenden Veränderungen in den Künsten führen wird. In der Literatur richten sich die Versuche darauf, sich von der konventionellen Schreibweise und ihren Gewohnheiten zu befreien; was zum Absurden der Existentialisten und zum Nihilismus eines Beckett führen wird. In der Malerei kommt es mit der Zerstörung der klassischen Darstellung und dem Explodieren der Farbe zum Surrealismus und zur Abstraktion. In der Musik mündet die Bekämpfung von Melodie, Wiederholung und Gleichmaß in die Aufhebung von Dauer und Antizipation.

Auch in den Wissenschaften erweist sich das Ende des 19.
Jahrhunderts als zerstörerisch für die alten Denkweisen. Ich will
hier nicht ausführen, was allgemein bekannt ist: die Schwierigkeiten, auf die der seit Newton und Laplace vorherrschende
starre Determinismus stieß; die Unmöglichkeit, bestimmte
Ereignisse vorauszusagen, etwa das Verhalten eines Gasmoleküls
oder den Genotyp eines künftigen Individuums, zwei Situationen, die allein der statistischen Analyse großer Populationen zugänglich sind; die Rolle der Geschichte und folglich des Zufalls
in der Evolution komplexer Objekte, insbesondere in der belebten, aber auch in der unbelebten Welt. Im 20. Jahrhundert werden unserer Fähigkeit zur Formalisierung und Voraussage aber-
mals neue Grenzen gesetzt, was in einer Reihe von Wörtern
deutlich zum Ausdruck kommt: Instabilität, Chaos, Relativität,
Quanten, Unentscheidbarkeit und Unbestimmtheit, die das
Verhältnis des Beobachters zum beobachteten Phänomen bestimmen. Der Zusammenbruch von Bedeutung, Formen und
Verständlichkeit in den Künsten findet somit in den Wissenschaften seine Entsprechung im Bruch mit einem strikten Determinismus sowie in dem blinden Vorgehen, das man in der
Evolution am Werk sieht.

Diese Beispiele scheinen darauf hinzudeuten, daß es in manchen Momenten der Geschichte und einer bestimmten Kultur
eine Art Echo zwischen Künstlern und Wissenschaftlern gibt,
das sich in der Ausrichtung ihrer Gedanken und in der Art der
verwendeten Bilder äußert. Als würden die Anstrengungen bei-
der von einer unbekannten Kraft in die gleiche Richtung gedrängt. Doch solche Entsprechungen sind nicht so einfach zu
analysieren. Die Möglichkeiten, die in den verschiedenen Bereichen vorhanden sind, werden oft durch ein bestimmtes Spek-
trum von Meinungen eingeschränkt, die gerade in Umlauf sind,

durch ein ganzes Netz von Überzeugungen, Kenntnissen und Einstellungen, die für eine gegebene Kultur zu einer bestimmten Zeit kennzeichnend sind. Dieses Netz ist nie auf vollkommen logische Weise gewebt; es bildet kein völlig kohärentes System. Denn die Überzeugungen, die zu einem bestimmten Zeitpunkt existieren, befinden sich selten in vollständiger Übereinstimmung. Meist sind sie unabhängig, wenn sie sich nicht sogar widersprechen. Wie läßt sich beispielsweise die Lehre vom freien Willen logisch mit der Vorstellung eines Schicksals vereinbaren, oder mit der eines geschichtlichen Verlaufs? Oder auch die Idee, ein Kunstwerk bringe den intimsten, persönlichen Teil eines Individuums zum Ausdruck. Wie kann es da gleichzeitig universal sein? Die Überzeugungen, die in den Tiefen einer Kultur verankert sind, haben sehr oft keinerlei logische Grundlage. Sie sind nicht bewußt angenommen worden. Dies gilt bis in die grundlegendsten Konzepte hinein, gilt auch für die Begriffe von Zeit, Raum, Kausalität, die unsere Wahrnehmung steuern und unsere Vorstellung von der Welt und von uns selbst leiten.

Jede Revolution, ob es nun eine gesellschaftliche oder eine intellektuelle ist, ob sie in der Politik, der Kunst oder der Wissenschaft stattfindet, verlangt zunächst eine Verschiebung des Möglichen, eine neue Anordnung des Zusammenspiels der Überzeugungen. Aber der Ursprung solcher Veränderungen ist meist schwer auszumachen. Die Beziehungen zwischen Ideen und Kulturen, zwischen Überzeugungen und Praktiken bestehen nie aus Prozessen, die nur in einer Richtung laufen. Es ist immer ein komplexes System von Wechselwirkungen. Das endlose Spiel von Henne und Ei.

Was ein Wissenschaftler tut, ist also nicht nur durch seine eigene Weltsicht bestimmt, sondern auch durch die seiner Zeit. Sieht man sich die wissenschaftlichen Schriften einer bestimmten Epoche an, so ist man verblüfft, wie alle von den gleichen Objekten sprechen und ungefähr das gleiche darüber sagen, selbst diejenigen, die sich absolut uneins sind. Dasselbe gilt für die Künstler. Um sich davon zu überzeugen, braucht man sich nur verschiedene barocke Musikstücke anzuhören, die alle eine Art Familienähnlichkeit aufweisen. Oder ein Museum zu besuchen und festzustellen, daß im 16. Jahrhundert alle holländischen Maler die gleiche Landschaft malten; und im 19. Jahrhundert alle englischen Maler das gleiche Porträt der gleichen Frauen.

»Nichts ist schön als das Wahre«, behauptet Nicolas Boileau in einem seiner *Épîtres*. »Es gibt nichts Wahres als das Schöne«, bekräftigt Anatole France in *La vie littéraire*. Und John Keats, in seiner *Ode auf eine griechische Urne,* geht noch einen Schritt weiter: »Schönes ist wahr und Wahres schön«. Wenn in diesen Worten Schönheit liegt, so darf man auch nach ihrer Wahrheit fragen. Die Wissenschaften suchen eine Darstellung der Welt zu konstruieren, die so nah wie möglich an dem ist, was Wirklichkeit genannt wird. Es ist ein kollektives Unternehmen im Raum und in der Zeit. Die Künste arbeiten an Repräsentationen der Welt, von denen jede die persönliche Sicht einer Wirklichkeit ausdrückt, so wie sie wahrgenommen oder phantasiert oder geträumt wird. Es ist dies meist ein individuelles Unternehmen. Richtig ist aber auch, daß Schönheit und Wahrheit mit den jeweiligen Kulturen variieren, und in ein und derselben Kultur mit den verschiedenen Zeiten. Die Beziehung zwischen Wahrheit und Schönheit oder allgemeiner zwischen Wissenschaft und Kunst ist ein altes Thema, und es war schon immer ein schwieriges. Es gibt offensichtliche Unterschiede, über die viel diskutiert worden ist. Sie drehen sich um zwei Hauptthemen:

1. Die wissenschaftliche Arbeit ist unauflöslich verbunden mit

dem Gedanken eines Fortschritts, während es in der Kunst etwas Vergleichbares nicht gibt. Ein wahrhaft »vollendetes« künstlerisches Werk kann nie übertroffen werden, es wird nie altern. Während jeder Wissenschaftler weiß, daß sein Werk mehr oder weniger schnell überholt sein wird. Und zwar deshalb, weil durch jede wissenschaftliche Arbeit auch neue Fragen aufgeworfen werden, und dies sogar ihre Funktion ist. Mit anderen Worten, Beethoven überwindet nicht Bach, und Picasso nicht Rembrandt – nicht in der Weise, wie Einstein Newton überwindet. Was Victor Hugo folgendermaßen zusammenfaßt: »Der Wissenschaftler Pascal ist überholt; der Schriftsteller Pascal ist es nicht.« Doch wie Gunther Stent[5] hervorgehoben hat, vergleicht man hier etwas, das nicht vergleichbar ist: auf der einen Seite ein Kunstwerk, auf der anderen der *Inhalt* eines wissenschaftlichen Werks. Ein Gemälde, ein Roman sind Kunstwerke. Eine wissenschaftliche Theorie dagegen besteht nicht in einem wissenschaftlichen Werk, sondern sie bildet dessen Inhalt, den Inhalt eines Buchs, eines Artikels, eines Vortrags etc. Bei einem Roman verleiht die Übereinstimmung von Thema und Form, von Inhalt und Stil dem Werk seinen Wert. Beides läßt sich nicht voneinander trennen. In der Poesie kann die Bedeutung des Inhalts sogar bis zu einem Punkt abnehmen, an dem der ästhetische Charakter des Stückes ausschließlich im Rhythmus, in der Musik der Worte liegt. In der Wissenschaft dagegen ist es fast ausschließlich der Inhalt, der einer Arbeit ihren Wert verleiht. Und der Inhalt eines wissenschaftlichen Artikels oder Buchs läßt sich oft in wenigen Sätzen zusammenfassen.

2. Ein zweiter Unterschied, der gerne zwischen Wissenschaft und Kunst hervorgehoben wird: Der Wissenschaftler beschreibt

---

5 Gunther Stent, »Prematurity and Uniqueness in Scientific Discovery«, *Scientific American*, 1972, 227, Nr. 6, S. 84-93.

die äußere Welt, in der Objekte und Ereignisse eine vom menschlichen Geist unabhängige Existenz haben. Die Objekte und die Gesetze sind vorhanden. Die Rolle des Wissenschaftlers beschränkt sich darauf, sie aufzudecken; sie wie Äpfel von einem Baum zu pflücken; sie wie eine Statue zu enthüllen. Der Künstler dagegen beschreibt eine innere Welt, in der Objekte und Ereignisse keinerlei Wirklichkeit besitzen, sondern als reine Konstruktionen des menschlichen Geistes erscheinen. Die Rolle des Künstlers besteht also darin, neue Objekte zu schaffen, die ganz und gar aus seinem Geist auftauchen, so wie Athene in voller Rüstung dem Haupt des Zeus entstieg. *Othello* ist also eine Schöpfung. Die Atomstruktur eine Entdeckung. Daraus ergibt sich ein Unterschied in der Rolle des Individuums. Der Urheber eines Kunstwerks ist einzigartig, unersetzlich. Der Urheber einer Entdeckung ist austauschbar. Ohne Gustave Flaubert keine *Madame Bovary*. Ohne Mozart keine *Zauberflöte*. Wäre dagegen eine bestimmte Entdeckung nicht von Professor A gemacht worden, so wäre sie es von Doktor B., oder gar von Herrn C. oder Herrn D. Ohne Newton hätte sich ein anderer Physiker gefunden, um die Schwerkraft zu entdecken. Ohne Darwin hätte Wallace die Evolutionstheorie vorgelegt. Die meisten Wissenschaftler haben sich diesen Gesichtspunkt zu eigen gemacht. Sie verwenden fast nie die Wörter »Schöpfung« und »schöpferisch«, um ihre Aktivität zu beschreiben. Sie sind der Ansicht, daß sie sich vor allem mit Fakten beschäftigen, daß sie Phänomene entdecken, daß sie Naturgegenstände enthüllen. Was den Laien betrifft, so ist er ohnehin der Ansicht, daß die Wissenschaft schwerlich etwas anderes tut als Fakten aufzuzeichnen, so wie man Gegenstände mit einer Kamera fotografiert.

Doch unser Gehirn arbeitet nicht so. Sicher ist, daß es sich in Abhängigkeit von sehr unterschiedlichen und komplexen Faktoren entwickelt hat, einschließlich der Fähigkeit, eine Darstellung der äußeren Welt zu bilden. Ein dreifacher Strom durchfließt die Lebewesen: ein Strom von Materie, von Energie und von Information. Nur so können sie leben, wachsen und sich vermehren. Für einen Organismus ist es absolut zwingend, daß er seine Umwelt wahrnimmt oder zumindest jene Aspekte der Umwelt, die mit seinen Lebensnotwendigkeiten zusammenhängen. Mit der Evolution hat sich die Wahrnehmung verfeinert und damit die Information erweitert, die der Organismus aufnehmen kann. Jeder Organismus verfügt über eine Sinnesausstattung, mit der er gewisse Aspekte der äußeren Welt wahrnehmen kann. Jede Tierart bewegt sich gewissermaßen in einer eigenen Sinneswelt, aus der die anderen Arten teilweise oder vollständig ausgeschlossen sind. Die von jeder Tierart wahrgenommene äußere Welt ist abhängig von ihren Sinnesorganen und davon, wie die sensorischen und motorischen Ereignisse vom Gehirn integriert werden. Ein Organismus entdeckt immer nur einen Teil seiner Umwelt, und dieser Teil ist für ihn charakteristisch. Das gilt auch für uns. Wir bleiben eingeschlossen in der Darstellung der Welt, wie sie uns von unserem Nervensystem und unseren Sinnesorganen vorgegeben wird. So sehr, daß wir die Welt nicht auf andere Weise ansehen können. Wir haben nicht die Mittel, uns jene Welt vorzustellen oder sie gar zu begreifen, in der beispielsweise eine Fliege lebt, ein Regenwurm oder eine Möwe.

Bei den Säugetieren werden die visuellen und auditiven Wahrnehmungen mittels eines räumlichen und zeitlichen Codes gebündelt, durch den wir die Entstehung der einzelnen Schall- oder Lichtreize mit gemeinsamen Quellen in Verbindung bringen können, die in der Zeit und im Raum fortbestehen. Während des Wachzustands gelangt eine ungeheure Menge an Information durch die Sinne ins Gehirn eines höheren Säuge-

tiers. Sie kann vom Gehirn nur deshalb verarbeitet werden, weil
sie in Form von Massen organisiert ist, von Körpern, die die
»Objekte« der raum-zeitlichen Welt des Tieres bilden. Und weil
die Identifizierung eines Objekts aufrechterhalten werden kann,
obwohl sich seine Wahrnehmung in räumlicher und zeitlicher
Hinsicht verändert. Diese Massen, diese Objekte sind für das
Tier die Elemente seiner alltäglichen Erfahrung.

Auch wenn das menschliche Gehirn die größte Komplexität
hat, funktioniert es eindeutig nicht als bloße Aufzeichnung der
Natur. Müßten unsere Sinne uns ein vollständiges Bild der äußeren Welt liefern, so würde uns dieses ganz einfach überschwem-
men. Das Gehirn sucht nach Regelmäßigkeiten in der Natur.
Die Zeichen, die durch unsere Sinne zu uns gelangen, sind so organisiert, daß sie eine Struktur annehmen. Das Auge beispielsweise ist keine Maschine, die dem Gehirn genau das übermittelt,
was es sieht. Im Verlauf der letzten zwanzig oder dreißig Jahre
haben die Neurobiologen gezeigt, daß das Auge in einer Weise
verschaltet ist, daß es Grenzen, Lichtkontraste, Farbdifferenzen
herausarbeitet. In jeder Schaltstelle zwischen Auge und Gehirn
findet den Strukturen des Nervensystems entsprechend eine
Auswahl und Ordnung der übermittelten Signale statt. Zu jeder
Etappe gehört folglich eine selektive Zerstörung von Information. Dieser Integrationsprozeß befähigt uns, gewisse Typen von
Regelmäßigkeiten auszumachen; er führt uns dazu, Gesetze in
der Natur zu finden, aufgrund derer wir uns in ihr zurechtfinden
können. Von einem Menschen zum anderen sind diese Umwand-
lungen durch Sinne und Gehirn ähnlich genug, damit wir alle
die äußeren Objekte in gleichartiger Weise sehen. Aber es gibt
auch genug individuelle Variationen, durch die sich jeder seinen
persönlichen Blick ausbilden kann. Und so wie der Künstler in
seinen Beobachtungen, seinen Eindrücken, seinem Gedächtnis

auswählt, was ihm für das Werk, das er schafft, nützlich erscheint, muß auch der Wissenschaftler, um seine Theorie zu konstruieren, eine Teilmenge seiner Beobachtungen auswählen und unter den damit zusammenhängenden Phänomenen wiederum diejenigen, die ihm relevant erscheinen. Man kann daher sagen, daß es für ein gegebenes Objekt eine Vielzahl möglicher Beschreibungen gibt und für eine gegebene Beschreibung eine Vielzahl möglicher Vorlagen.

Es scheint demnach klar zu sein, daß die vom Physiker gelieferte Beschreibung des Atoms nicht das genaue und unveränderliche Abbild einer aufgedeckten Wirklichkeit ist. Es ist ein Modell, eine Abstraktion und Resultat jahrhundertelanger Anstrengungen der Physiker, die sich auf eine kleine Gruppe von Phänomenen konzentriert haben, um eine kohärente Darstellung der Welt zu konstruieren. Die Beschreibung des Atoms erweist sich ebensosehr als eine Schöpfung wie eine Entdeckung.

Wie in der Literatur oder in der Malerei, so gibt es auch in der Wissenschaft einen Stil. Nicht nur eine bestimmte Weise, die Welt zu betrachten, sondern auch, sie zu befragen. Eine bestimmte Art, hinsichtlich der Natur zu handeln und über sie zu sprechen. Eine Art, Experimente auszuhecken, sie durchzuführen, Schlüsse daraus zu ziehen, Theorien zu formulieren. Und dies alles in eine Form zu bringen und eine Geschichte daraus zu ziehen, die erzählt oder niedergeschrieben werden kann.

Nehmen wir zum Beispiel Pasteur. In seinem Stil lag etwas Außergewöhnliches. Etwas Unwiderstehliches, Draufgängerisches. Es hatte etwas von einer Kavallerieattacke, wie er von einem Bereich zum anderen jagte: von der Chemie zur Kristallographie, dann zur Erforschung der lebenden Welt in ihren am wenigsten bekannten Aspekten. Und wie er ohne Zögern von den Krankheiten der Hefe zu denen des Menschen überging. Mit einer strategischen Sicherheit, der Fähigkeit, aus einer Theorie die Anwendungen abzuleiten oder im Gegenteil einem ganz konkreten Problem hochtheoretische Aspekte zu entreißen. Mit verblüffenden Intuitionen; und unerhört gewagten Verallgemeinerungen.

Molekulare Asymmetrie; Fermentierung; die sogenannte Urzeugung; Forschungen zum Wein; Fleckenkrankheit bei Seidenraupen; Forschungen zum Bier; Infektionskrankheiten; Virusimpfstoffe; Tollwutprophylaxe. Die Themen und Arbeiten Pasteurs aufzählen, heißt reihenweise Siegesnachrichten verlesen. Dieser Mann hatte eine militärische, eine strategische Ader. Es erinnert an Napoleon, wie er immer die Initiative ergriff, unvermittelt das Gelände wechselte, dort auftauchte, wo man ihn nicht erwartete, seine Kräfte plötzlich in einem schmalen Frontabschnitt sammelte, um dann den Durchbruch zu wagen, den Erfolg auszunutzen, die richtigen Folgerungen daraus zu ziehen, sogar seine eigene Öffentlichkeitsarbeit zu betreiben oder die anderen zu zwingen, sich seinen Ansichten zu beugen. Wie die von Napoleon bestand auch Pasteurs Kunst darin, immer im gewählten Augenblick, am gewählten Ort, auf dem eigenen Terrain die Schlacht zu schlagen. Und sein Terrain war das Labor; seine Waffen die Experimente, die Protokolle, die Phiolen mit den Kulturen. In welches neue Gebiet er auch vordrang, ob er sich für Weinreben oder Seidenraupen interessierte, für Hühnercholera oder Tollwut, Pasteur suchte jedes Mal das Problem umzuformen, es in andere Begriffe zu übersetzen, es für Experimente zugänglich zu machen. Heute geht man nicht anders vor. Alle Aktivität der Biologen ist darauf gerichtet, die unterschiedlichsten Probleme in Fragen umzuformulieren, die für das Labor zugänglich sind. Alle Anstrengungen zielen darauf ab, Fragen zu formulieren, die im Experiment beantwortet werden können. Von

Pasteur und seiner Strategie datieren die moderne Medizin und das, was heute »öffentliches Gesundheitswesen« heißt.

Auch ohne Pasteur hätte man wohl die Rolle der Mikroben bei den Infektionskrankheiten entdeckt. Auch ohne ihn hätte man das Vorhandensein der filtrierbaren Substanzen aufgezeigt, die später als Viren bezeichnet werden sollten. Und man hätte die Möglichkeit von Impfstoffen nachgewiesen. Aber wahrscheinlich unter ganz anderen Bedingungen. In vereinzelten Anstrengungen, über einen längeren Zeitraum verteilt, unter Beteiligung zahlreicher Forscher in den verschiedensten Ländern. Wäre diese Forschung nicht von einem einzigen Mann und seiner Forschergruppe, in ein und derselben Reihe von Arbeiten, fast könnte man sagen, in einem einzigen Wurf verwirklicht worden, sondern mal hier, mal da, von zahlreichen Laboratorien, in kleinen Schritten, in langen tastenden Versuchen; wären die Lösungen häppchenweise gekommen und nicht in einem einzigen Schwung, so hätten sie zwar ebenso ihre grundlegende Rolle in der Geschichte der Biologie und der Medizin gespielt, aber sie wären als eine wichtige Arbeit unter anderen erschienen, eine Arbeit ganz in der gängigen Weise der Forschung; eine gewiß aufsehenerregende Arbeit, doch ohne die Größe des Pasteurschen Heldenepos.

Genauso hätte es auch ohne Einstein so etwas wie die Relativitätstheorie gegeben; ohne Darwin etwas Ähnliches wie die Evolutionstheorie. Aber es wären nicht die gleichen Theorien gewesen. Sie wären nicht auf dieselbe Weise geschrieben worden, nicht mit der gleichen Schärfe, der gleichen Überzeugungskraft vertreten worden. Sie hätten nicht den gleichen Einfluß ausgeübt, nicht die gleichen Konsequenzen nach sich gezogen. Also ist auch in der Wissenschaft jedes Werk – und nicht bloß der Inhalt – einzigartig. Aber wie in der Kunst sind unter diesen einzigartigen Werken, um den Aphorismus von George Orwell abzuwandeln, manche einzigartiger.

Wahrscheinlich ist die geistige Repräsentation der äußeren Welt im Laufe der zum *Homo sapiens* führenden Etappen der Enzephalisierung reicher geworden. Sobald das integrierte Bild einer raum-zeitlichen Welt einmal gewonnen war, in der man die beweglichen Objekte sehen, hören, fühlen und berühren konnte, sobald die Permanenz dieser Objekte in der Zeit gewährleistet war, wurde es möglich, diese Darstellung im Gedächtnis zu speichern und abzurufen. Alle diese Merkmale ermöglichten dann zwei der bemerkenswertesten Eigenschaften des Gehirns. Zum einen ist das Gehirn in der Lage, die im Gedächtnis gespeicherten Bilder vergangener Ereignisse in ihre Bestandteile zu zerlegen, diese dann wieder auf neue Weise zu kombinieren, wodurch noch unbekannte Darstellungen, neue Situationen und Szenarien produziert werden können; damit geht nicht nur die Fähigkeit einher, die Bilder vergangener Ereignisse zu bewahren, sondern sich auch mögliche Ereignisse vorzustellen und so die Zukunft zu erfinden. Zum anderen verband sich die auditive Wahrnehmung von Lautfolgen mit bestimmten Veränderungen des sensomotorischen Stimmapparates, und damit konnte die kognitive Darstellung auf völlig neue Weise codiert und symbolisiert werden. Nach dieser Hypothese hätte die ursprüngliche Funktion der Sprache darin bestanden, die detailliertere Darstellung einer feiner gegliederten und reicheren Realität zu ermöglichen. Wie zahlreiche Linguisten meinen, ist der Gebrauch der Sprache als Kommunikationssystem zwischen Individuen erst anschließend aufgetreten.

Wie leicht sich zwischen Individuen Kommunikation einstellen kann, zeigt sich in der gesamten Tierwelt. Anscheinend haben zunächst einfache Codes genügt, um zu verarbeiten, was

über die unmittelbaren Aspekte des Lebens an Information mitzuteilen war; selbst bei den Hominiden, die in Gruppen lebten
und sich zur Jagd und um sich zu verteidigen zusammentaten.
Objekte und Ereignisse Monate oder Jahre später wiedererken-
nen zu können, erforderte dagegen ein raffiniertes Codierungssy-
stem, mit dem sich die Darstellung einer visuellen und auditiven
Welt ausreichend präzise und detailreich übersetzen ließ. Der
einzigartige Charakter der Sprache liegt nicht so sehr darin, daß
sie zur Kommunikation von Handlungsanweisungen dient, sondern daß sie die Symbolisierung und Erinnerung kognitiver Bilder ermöglicht. Mit seinen Worten und Sätzen modelliert der
Mensch seine »Realität« ebensosehr wie mit seinem Blick und
seinem Gehör. Für die Entwicklung der Phantasie stellt die Pla-
stizität der menschlichen Sprache ein unvergleichliches Werkzeug dar. Dank der unendlichen Kombinationsfähigkeit der
Symbole ermöglicht sie die geistige Erfindung der unterschiedlichsten Welten. Jeder von uns lebt so in einer »wirklichen«
Welt, die von seinem Gehirn mit der von den Sinnen und der
Sprache gelieferten Information ausgearbeitet wird. Und diese
wirkliche Welt ist der Schauplatz, auf dem sich unsere alltägliche Existenz abspielt. Sie ist der Schauplatz unseres Lebens.

In der Kunst wie in der Wissenschaft liegt das Wesentliche im
Versuch. Bei der Kunst ist es das Ausprobieren von Farb-
gegensätzen oder musikalischen Themen oder Wortkombinatio-
nen; dann zu verwerfen, was man nicht mag. Bei der Wissenschaft: Sachen auszuprobieren; Ideen auszuprobieren; jede der
Ideen, die uns in den Kopf kommen; jede Möglichkeit, eine nach
der anderen, systematisch; dann zu verwerfen, was im Experiment nicht geht, und zu akzeptieren, was geht, selbst wenn es
dem eigenen Geschmack und den eigenen Vorurteilen zuwider-
läuft. Die meiste Zeit führen solche Versuche zu nichts. Manch-

mal jedoch eröffnet das extravaganteste Experiment plötzlich einen neuen Weg. So hatte zum Beispiel mein Freund Elie Wollman eines Tages eine bizarre Idee, als wir versuchten, die Vereinigung der Bakterien zu analysieren: Ohne viel Federlesens trennten wir die glücklichen Bakterienpaare in einem Küchenmixer und erzwangen so eine Art *Coitus interruptus*. Was zu einem unerwarteten Resultat führte; denn dadurch ließ sich zeigen, daß während des Vorgangs das Chromosom des »Männchens« dem »Weibchen« mit konstanter Geschwindigkeit übermittelt wird, wie ein Spaghetti, der vom Weibchen verschlungen wird. Daraus ging eine neue Sichtweise und Analyse der Bakteriensexualität hervor. Am Beginn einer Forschung steht immer der Sprung ins Unbekannte. Erst nachher kommt das Urteil, das über den Wert der Anfangshypothese entscheidet. Falsche Ideen und extravagante Theorien gibt es in der Wissenschaft unzählige. Sie sind so verbreitet wie schlechte Kunstwerke. Niemand kann sagen, wohin eine Forschung führen wird.

»Was jetzt bewiesen ist, war einst nur Vorstellung«, schreibt William Blake in seiner *Hochzeit von Himmel und Hölle*. In der Phantasiephase des wissenschaftlichen Vorgehens, bei der Bildung von Hypothesen, arbeitet der Wissenschaftler wie der Künstler. Erst danach, wenn die kritische Prüfung und die Experimente einsetzen, trennt sich die Wissenschaft von der Kunst und folgt einem anderen Weg. Ein Gedicht oder Gemälde sind etwas anderes als eine wissenschaftliche Hypothese. Aber in beiden Fällen ist die Phantasie die treibende Kraft, das schöpferische Element, in der Wissenschaft wie in der Kunst oder bei jeder beliebigen anderen intellektuellen Tätigkeit. Es ist keine bloße Anhäufung von Tatsachen, die Newton eines Tages im Garten seiner Mutter dazu geführt hat, den Mond plötzlich als eine Kugel anzusehen, die weit genug geworfen worden war, um genau mit der Geschwindigkeit des Horizonts um die Erde herum zu fallen. Oder die Planck dazu gebracht hat, die Wärmestrahlung mit einem Quantenhagel zu vergleichen. Oder die William Harvey dazu anregte, im bloßgelegten schlagenden Herzen eines Fisches das Stampfen einer mechanischen Pumpe zu sehen.

Wie Arthur Koestler einmal bemerkt hat, scheint diese Denkweise völlig verschieden von der eines König Salomo zu sein, wenn er die Brüste seiner Geliebten im *Lied der Lieder* mit zwei Rehkitzen vergleicht, oder der von William Shakespeare, wenn er vom Leben sagt: »Ein Märchen ist's, erzählt von einem Dummkopf, voller Klang und Wut«. Und doch arbeitet die Phantasie trotz sehr verschiedener Ausdrucksmittel beim Dichter und beim Wissenschaftler auf die gleiche Weise. Es ist oft der Einfall einer neuen Metapher, der den Wissenschaftler leitet. Ein Gegenstand, ein Ereignis werden schlagartig in einem ungewohnten und aufschlußreichen Licht gesehen. Als würde ein Schleier weggerissen, der bis dahin den Blick getrübt hat: Diese plötzliche Erleuchtung wird manchmal von einem klangvollen »Heureka« begleitet, in dem sich gleichzeitig der Geistesblitz und die emotionale Erschütterung äußern. Nie werde ich das laute Auflachen Jacques Monods eines Tages im Jahr 1963 vergessen. Ein schallendes Lachen, das durch die ganze Etage des Institut Pasteur dröhnte. Mehrere Monate lang hatte er sich auf die Eigenschaften der sogenannten »allosterischen« Proteine konzentriert. An diesem Nachmittag war ihm nun plötzlich aufgegangen, die meisten dieser Eigenschaften könnten sich durch die Annahme erklären lassen, daß diese Proteine spezifische Oligomere sind, das heißt aus einer geraden Anzahl von Untereinheiten bestehen, die symmetrisch angeordnet sind. Mit großen

Würfeln spielend, zeigte er jedem, der vorbeikam, die Tugenden solcher Strukturen, daß sie nämlich mühelos zwischen zwei Zuständen oszillieren können, der eine mit enzymatischer Aktivität, der andere ohne. Als man ihn fragte, wie er darauf gekommen sei, antwortete er: »Seit mehreren Wochen versuche ich mich mit einem allosterischen Protein zu identifizieren. Und heute habe ich plötzlich realisiert, habe ich mit meinem ganzen Körper gespürt, was für ein gewaltiges Potential eine solche symmetrische Struktur hat.«

Phantasie ist die Kombination und Manipulation geistiger Objekte wie Bilder oder Symbole, Wörter, kognitive Strukturen etc. In den verschiedensten Bereichen entspricht der schöpferische Akt oft einem abrupten Sprung, den das Denken aus den gewohnten Bahnen tut, um zwei solcher Objekte miteinander zu verbinden, für deren Zusammenhang es bislang keinerlei Grund gab. Um geistige Bilder oder Repräsentationen in dieser Weise zu vermischen, stellt ein rationales und bewußtes Denken nicht zwangsläufig das geeignete Werkzeug dar. Wenn der Geist sich lange auf ein Problem konzentriert hat, verhelfen Ruhe und Entspannung manchmal eher dazu, Bilder und Ideen durcheinanderzuwirbeln und zu vermischen, scheinbar unvereinbare Strukturen zu kombinieren und unvermutete Analogien zu entdecken. Zahlreiche Wissenschaftler haben berichtet, urplötzlich, unter sehr unerwarteten Bedingungen, eine lange gesuchte Lösung gefunden zu haben: im Halbschlaf im Bett; im Bus; in die Flammen blickend; beim Spielen mit einem Kind. Ich habe selbst eine Erfahrung dieser Art gemacht. Eines Nachmittags in einem Kino, wo ich mit meiner Frau einem langweiligen Film halbherzig zusah, wurde mir unvermittelt klar, daß die beiden Arten von Arbeiten, die unser Labor im Institut Pasteur verfolgte – die Arbeit über die Lysogenie mit André Lwoff und die über die induzierbare Enzymbiosynthese mit Jacques Monod –, in Wirklichkeit nur die beiden Aspekte ein und desselben Phänomens waren, zwei Ausdrucksformen desselben Mechanismus. Und aufgrund bestimmter Besonderheiten des Phagensystems mußte die Regulation in beiden Fällen direkt an der DNA stattfinden. Diese Erleuchtung kam über mich wie eine erschütternde, absolute Gewißheit, die von meinen Kollegen zunächst nicht geteilt wurde. Das alles verriet bei mir eine wochenlang auf die gleiche Frage gerichtete Obsession und Aufmerksamkeit, die sich ständig im Kreis drehte und von diesem Problem völlig durchtränkt war. Bis zu dem Moment, in dem Zufall oder Traum zwei Bereiche miteinander in Verbindung brachten, die bis dahin für alle vollständig getrennt gewesen waren.

Nach und nach, Schritt für Schritt baut das Kind seine Umgebung auf. Genauso konstruiert der Wissenschaftler fortschreitend seine Wirklichkeit. So wenig wie die Kunst kopiert die Wissenschaft die Natur. Sie erschafft sie neu. Indem der Maler, der Dichter oder der Wissenschaftler das, was er von der Wirklichkeit wahrnimmt, in seine Bestandteile zerlegt, um es anders wieder zusammenzusetzen, baut er seine Sicht des Universums auf. Jeder gestaltet sein eigenes Modell von der Wirklichkeit, indem er jene Aspekte seiner Erfahrung erhellt, die er für die aufschlußreichsten hält, und jene zur Seite schiebt, die ihm bedeutungslos erscheinen. Wir leben in einer Welt, die durch unser Gehirn geschaffen ist, in einem dauernden Hin und Her zwischen dem Realen und dem Imaginären. Vielleicht nimmt der Künstler mehr von diesem, der Wissenschaftler mehr von jenem. Das ist bloß eine Frage der Proportionen. Nicht der Natur.

SCHLUSS

> »Hat die Wissenschaft das Glück versprochen? Sie hat
> die Wahrheit versprochen, und die Frage ist, ob sich mit
> der Wahrheit je Glück bereiten läßt.«
>
> Émile Zola,
> *Rede an die Studenten von Paris*, 18. Mai 1893

In einer Diskussion zwischen Konfuzius und einem seiner Schüler, Dsi Lu, fragte dieser den Meister, was er für eine gute Regierung als wesentlich erachte. »Der Meister sprach: ›Sicherlich die Richtigstellung der Begriffe.‹ Dsi Lu sprach: ›*Darum* sollte es sich handeln? Da hat der Meister weit gefehlt! Warum denn deren Richtigstellung?‹ Der Meister sprach: ›Wie roh du bist, Yu! Der Edle läßt das, was er nicht versteht, sozusagen beiseite. Wenn die Begriffe nicht richtig sind, so stimmen die Worte nicht; stimmen die Worte nicht, so kommen die Werke nicht zustande; kommen die Werke nicht zustande, so gedeiht Moral und Kunst nicht; gedeiht Moral und Kunst nicht, so treffen die Strafen nicht; treffen die Strafen nicht, so weiß das Volk nicht, wohin Hand und Fuß setzen. Darum sorge der Edle, daß er seine Begriffe unter allen Umständen zu Worte bringen kann und seine Worte unter allen Umständen zu Taten machen kann. Der Edle duldet nicht, daß in seinen Worten irgend etwas in Unordnung ist. Das ist es, worauf alles ankommt.‹«[1]

---

1 Kungfutse, *Gespräche (Lun Yü)*, Düsseldorf, Köln 1974, S. 131.

Manche Wörter erwecken Angst. Zum Beispiel das Wort »Eugenik«, weil es eine unannehmbare Haltung bezeichnet, die zur Sterilisierung von als »minderwertig« betrachteten Individuen geführt hat, noch bevor die Schrecken der Nazi-Lager sich damit verbanden. Bei anderen Wörtern, wie dem Wort »Rasse«, hat sich die ursprüngliche Bedeutung verschoben; es dient als biologisches Alibi für gesellschaftliche Ausschreitungen. Sogar das Wort »Genetik« macht inzwischen vielen angst, so häufig wird es unüberlegt verwendet, um Einfluß auf sozialpolitische Entscheidungen zu nehmen. Behauptet jemand, daß Intelligenz im wesentlichen vererbt bzw. zunächst von den Genen gesteuert wird, so einzig und allein, um damit zu sagen, daß eine Sozialpolitik, die benachteiligten Bevölkerungsgruppen Zugang zu einer besseren Bildung verschaffen will, überflüssig sei. Wenn jemand verkündet, daß Jungen ein Gen »für« die Mathematik haben, so einzig und allein, um damit zu sagen, daß Mädchen keines haben. Seit Bosnien und Ruanda haben wir begriffen, daß der Genozid, der nach dem Sturz des Nazismus unmöglich geworden schien, wieder auftauchen kann. Wir wissen auch, daß Argumente, mit denen das Vorhandensein unwiderleglicher Unterschiede der Begabung zwischen Gruppen bewiesen wird, oft verwendet werden, um Formen von Diskriminierung beizubehalten und eine Politik gegen die Ungerechtigkeit zu vereiteln. Daß eine genetische Komponente bei einem menschlichen Verhaltensmerkmal mit im Spiel ist, bedeutet keineswegs, daß dieses Merkmal allein von den Genen determiniert wird. Wir wissen heute, daß bei der Entwicklung des menschlichen Embryos eine ständige Interaktion zwischen den Genen und der Umwelt stattfindet.

Manchmal wird gefragt, ob es Grenzen für die wissenschaftliche Forschung geben kann. Die Frage ist relativ neu. Im

18. Jahrhundert wurde nicht einmal die Möglichkeit einer solchen Begrenzung ins Auge gefaßt. Im Gegenteil, man war überzeugt, daß die Wissenschaft früher oder später alle Fragen lösen
würde, die sich dem Menschen stellen. Aber manche Fragen
gehören ganz offensichtlich nicht in den Bereich der Wissenschaft. Es gibt eine Grenze für das wissenschaftliche Erforschen.
Dieses selbst sperrt sich gegen Fragen folgender Art: Was ist der
Sinn des Lebens? Wie hat alles angefangen? Was tun wir auf der
Erde? Angesichts solcher Fragen hat die Wissenschaft nichts zu
sagen. Man kann sich nicht einmal vorstellen, welche Art von
wissenschaftlichem Fortschritt darauf je antworten könnte. Aus
jeder wissenschaftlichen Untersuchung ist ein ganzer Fragenbe-
reich vollständig ausgeschlossen, jener nämlich, der um den Ursprung der Welt kreist, die Stellung des Menschen in der Welt,
die »Bestimmung« des menschlichen Lebens. Nicht, daß solche
Fragen belanglos wären. Jeder von uns stellt sie sich früher oder
später. Aber diese »letzten« Fragen, wie Karl Popper[2] sie bezeichnet, gehören zur Religion, zur Metaphysik, ja zur Dich-
tung. Auf solche Fragen hat keine Wissenschaft Antworten.

Beschränkt man sich jedoch auf Fragen, die zur Wissenschaft
gehören, kann man sich überlegen, welcher Natur die Faktoren
sein könnten, die die Wissenschaft an ihre Grenzen gelangen lassen. Diese Frage ist von Peter Medawar diskutiert worden, und er
unterscheidet zwei Arten möglicher Begrenzungen.[3] Zunächst
einmal könnte die Gewinnung wissenschaftlicher Erkenntnisse
durch irgendeine im Vorgehen der wissenschaftlichen Forschung
selbst liegende Eigenschaft angehalten werden. Beispielsweise
könnte der Forschungsprozeß von sich aus eine zunehmende Ver-
langsamung erleben und zu einem automatischen Stillstand

2 Karl Popper, *Logik der Forschung*, Tübingen 1994 (10. Aufl.).
3 Peter Medawar, *The Limits of Science*, Oxford 1985.

kommen. Es könnte ja sein, daß es eine Grenze für die Entwicklung der Wissenschaft gibt, wie es eine Grenze für die Höhe eines Gebäudes gibt, das nicht bis ins Unendliche in den Himmel
wachsen kann. Oder für die Größe eines Tieres, so wie ein Elefant
nicht endlos in alle Richtungen weiterwachsen kann. Dementsprechend kann man sich fragen, ob die Wissenschaft überhaupt
imstande ist, eine gewisse Erkenntnismasse zu überschreiten. Allerdings sind a priori keine Gründe zu erkennen, aus denen die
Erkenntnis in solcher Weise beschränkt sein könnte und die Forschung gezwungen wäre, von sich aus stehenzubleiben.

Eine andere Möglichkeit: Es könnte eine Begrenzung der wissenschaftlichen Erkenntnis durch bestimmte Eigenschaften des
Menschen geben. Wenn man einen neuen Bereich in Angriff
nimmt, begreift man davon zunächst das Leichteste. Erst anschließend wird das Schwierige, das Komplexe angegangen. Bei
dieser zweiten Etappe ist mehr Raffinesse erforderlich – bessere
Instrumente, eine größere Detailschärfe der Analyse. Um unseren Erkenntnisapparat zu beschreiben, kann man zwei Vergleiche benutzen. Geht man mit einem Netz auf Fischfang, so hängt
die Größe des Fisches, den man fangen kann, von den Maschen
des Netzes ab. Unser kognitives Netz könnte zu große Maschen
haben, um Fische zu erwischen, die unterhalb einer bestimmten
Größe liegen. Ähnlich entspricht auch die Leistungsfähigkeit eines Mikroskops nicht seinem Vergrößerungsvermögen, wie bei
einer Lupe. Sondern seinem Auflösungsvermögen, durch das sich
die Details erkennen lassen. Mitte des 19. Jahrhunderts ist das
optische Mikroskop bis zu einem Grad perfektioniert worden,
daß es das Vorhandensein verschiedener Strukturen in der Zelle
erahnen ließ, ohne daß ihre Details zu erkennen waren. Insbesondere Viren ließen sich damit nicht wahrnehmen – wir können sie
erst mit Hilfe eines Elektronenmikroskops unterscheiden. Man

kann sich fragen, ob es nicht irgendeine Grenze für das Auflösungsvermögen des menschlichen Gehirns oder Sinnessystems
gibt. Im Moment ist kaum zu sehen, was unser analytisches Vermögen beschränken sollte. Aber man weiß ja nie. Das menschliche Gehirn könnte am Ende unfähig sein, das menschliche
Gehirn zu begreifen.

Neben einer möglichen Begrenzung dessen, was der Mensch
herausfinden *kann*, läßt sich ebenfalls fragen nach einer eventuellen Begrenzung dessen, was er herausfinden *soll*. Anders gesagt:
Gibt es Erkenntnisse, die zu einem Wissen führen, das die Menschen besser nicht erlangen würden? Gibt es für die wissenschaftliche Forschung eine Grenze, die nicht von der Erkenntnis-
möglichkeit, sondern vom Erkenntnisinteresse gezogen wird?
Müssen wir aufhören, bestimmte Dinge herauszufinden – aus
Furcht davor, wie die Erkenntnis angewandt werden könnte?
Das ist ein wichtiger Punkt. Denn wenn auch oft erklärt worden
ist, daß man auf bestimmte Anwendungen der Forschungsergeb-
nisse verzichten muß, hat noch kaum jemand behauptet, daß
auch die Erkenntnis selbst vermieden werden müßte. Als gegen
Ende des letzten Jahrhunderts Pasteur Schafe mit dem Milz-
brandbazillus impfte, schrien die Bauern und Bürgermeister der
umliegenden Dörfer, man müsse diesen Wahnsinnigen aufhalten, bevor er den Viehbestand der ganzen Region vernichtet
hätte. Glücklicherweise hörte man nicht auf sie. Als Ende der
siebziger Jahre Ökologen forderten, die Fortführung der gentechnologischen Forschung zu verbieten, ist man ihnen nicht gefolgt, und die ganze Medizin beruht heute auf den gentechnologischen Forschungen, die seither durchgeführt worden sind.
Aber in all diesen Fällen war die Erkenntnis bereits da. Die Diskussion drehte sich nur um ihre möglichen Anwendungen. Sollten gentechnologisch veränderte Pflanzen verwendet und das

Risiko eingegangen werden, ganze Felder zu infizieren, oder besser nicht? Sollte man Bakterien nützliche Proteine wie Wachstumsfaktoren oder Hormone produzieren lassen, mit dem Risiko, Monstren hervorzubringen, oder sollte man das besser nicht?

Doch neben diesen kann man sich die andere Frage stellen, ob man damit fortfahren soll, sich gewisse Aspekte der Erkenntnis überhaupt zu verschaffen. Beispielsweise kann man sich vorstellen, daß die Entschlüsselung des menschlichen Genoms durch die Humangenetik zu gefährlichen Situationen führt. Das könnte der Fall sein bei einer völlig hypothetischen Verbindung zwischen einer Empfänglichkeit für ein bestimmtes Giftgas und der Körpergröße; so daß, um sich der Großen in einer Stadt zu entledigen, die Kleinen nur die Stadt in Schwaden dieses Gases zu hüllen bräuchten, da sie ja selbst von den Auswirkungen verschont bleiben würden. Oder es könnte eine Verbindung zwischen Geistesschwäche und der Form der Ohren zu einem spezifischen Rassismus der Ohren führen. Diese Beziehungen sind imaginär. Aber es läßt sich durchaus vorstellen, daß es welche geben könnte, die zu Verbrechen oder sozialen Übergriffen führen würden.

Auch hier läge wieder die Gefahr, wenn sie denn besteht, in der Anwendung der neu gewonnenen Erkenntnisse, nicht in den Erkenntnissen selbst. Das Streben nach Erkenntnis läßt sich nicht aufhalten – es ist mit der menschlichen Gattung untrennbar verbunden. Beim Menschen ist die Suche nach dem Verständnis der Natur Teil der Natur. Wie schon gesagt, es läßt sich nicht voraussehen, in welche Richtung eine beginnende Forschung sich entwickeln, noch was sie bringen wird. Demnach kann man auch nicht diejenige Forschung weiterverfolgen, die dann später zu einer »guten« Wissenschaft führt, und jene anhalten, die in eine »schlechte« mündet. Genausowenig wie man die Forschung anhalten kann, läßt sich nur ein Teil von ihr bewahren. Jedenfalls hat man von der Wahrheit nichts zu befürchten, ob sie von der Genetik kommt oder anderswoher. Was man fürchten muß, ist die Entstellung der Ergebnisse und die Verdrehung ihrer Bedeutung.

Vor mehr als dreihundert Jahren ist die Wissenschaft im Abendland entstanden. Sie hat sich in allen Richtungen versucht. Mit ihr wurde aufgebaut, was wir unsere moderne Zivilisation nennen. Von dieser Wissenschaft kommen alle Elemente unserer heutigen Technologie, die wir mögen: Flugzeuge, Fernseher, Penizillin, Empfängnisverhütung; aber auch die Elemente, die wir verabscheuen: Atombomben, Pestizide, Umweltschädigungen aller Art.

Dreihundert Jahre sind nicht sehr lange. Aber lange genug, um eine Wertung zu versuchen. Um zu entscheiden, ob die wissenschaftliche Methode der Menschheit gedient hat oder nicht. Hierüber gibt es einige Unstimmigkeiten. Von Anfang an haben sich Stimmen erhoben, um sich dem wissenschaftlichen Vorgehen entgegenzustellen. Von Zeit zu Zeit sind diese Stimmen lauter geworden, so zu Beginn der industriellen Revolution oder mit dem Aufkommen der Kernenergie. Und diese Stimmen riefen: Genug! Es reicht! Alles anhalten! Umkehren! Findet ein anderes System, eine Methode, die weniger gefährlich für die Menschheit ist!

Selbstverständlich sind die Wissenschaftler anderer Ansicht. Für sie stellt das wissenschaftliche Unternehmen den größten Erfolg der Menschheit dar. Denn nur dadurch und durch die Künste konnte sich das Abenteuer der Menschheit in seiner ganzen Fülle entwickeln. Doch das bisher Erreichte ist erst ein Anfang. Denn die Wissenschaft ist nicht wirklich vor dreihun-

dert Jahren entstanden. Erst seit einem Jahrhundert hat sie angefangen, sich systematisch zu entwickeln. Erst seit fünfzig Jahren
hat sie ihren Rhythmus gefunden, ist sie eine Art Institution geworden, entfaltet sie sich ungehindert in der ganzen Welt, über
Grenzen, Nationen, Sprachen und Religionen hinweg. Aber je
weiter die Wissenschaft fortschreitet, desto deutlicher wird, daß
alles noch zu tun ist. Die Biologie zum Beispiel befindet sich gerade erst im Aufbruch. Sie fängt gerade an zu existieren, und in
ihrem Kielwasser folgt eine neu entstehende Medizin. Am Hori-
zont zeichnet sich nicht nur die Beherrschung zahlreicher
Krankheiten oder die Verbesserung der Landwirtschaft ab. Mit
einer besseren Kenntnis der grundlegenden Prozesse der lebenden Welt können wir hoffen, mehr über uns selbst zu erfahren.
Wir wollen unbedingt wissen, wer wir sind, woher wir kommen
und was wir hier tun. Wie schon gesagt, die Wissenschaft wird
nicht auf alle diese Fragen antworten. Aber sie kann Hinweise
geben und manche Lösung ausschließen. Vielleicht helfen uns
fortgesetzte wissenschaftliche Anstrengungen, weniger Dumm-
heiten zu begehen. Es ist eine Art Wette. Aber man sieht nicht
sehr viele andere Möglichkeiten. Außerdem sind wir heute fünf
Milliarden Individuen. Morgen werden wir zehn Milliarden sein.
Übermorgen zwanzig. Für die Menschheit kündigen sich fürch-
terliche Komplikationen an. Auch hier scheint die Fortsetzung
der wissenschaftlichen Anstrengung unerläßlich, um zu Lö-
sungsentwürfen zu kommen.

Die Hauptentdeckung, die dieses Jahrhundert der Forschung
und Wissenschaft uns gebracht hat, ist wahrscheinlich die Tiefe
unserer Unkenntnis der Natur. Je mehr wir erfahren, um so mehr
wird uns das ganze Ausmaß dieser Unkenntnis bewußt. Das ist
für sich genommen schon eine große Neuigkeit. Sie hätte unsere

Großväter im 18. und 19. Jahrhundert sehr erstaunt. Zum ersten Mal können wir unserer Unkenntnis ins Auge sehen. Lange Zeit hat man behauptet zu verstehen, wie die Dinge funktionieren. Oder es wurden einfach Geschichten erzählt, um die Löcher zu stopfen. Jetzt, wo man angefangen hat, die Natur ernsthaft zu erforschen, beginnt man, sich die ganze Bandbreite der Fragen klarzumachen. Die Entfernung einzuschätzen, die zu ihrer Beantworung noch zu durchlaufen ist. Die große Gefahr für die Menschheit liegt nicht in der Entwicklung der Erkenntnis. Sondern in der Unkenntnis.

Ich habe dieses Buch mit einem Versuch begonnen, zu erklären, warum unsere Lage unauflöslich mit dem Unvorhersehbaren verbunden ist. Mit der Unmöglichkeit, auf die Frage zu antworten, die uns am meisten interessiert: Was wird morgen geschehen? Nicht zu wissen, was der morgige Tag bringen wird, betrifft jeden von uns auf unterschiedliche Weise. Manche möchten wissen, ob sie eine Arbeit finden, oder ob sie im Lotto gewinnen werden, ob ihr Geliebter oder ihre Geliebte sie noch lieben wird, ob sie noch am Leben sein werden. Was mich betrifft, so bewegt mich am meisten, nicht zu wissen, wie diese Welt in fünfhundert Jahren aussehen wird. Oder sogar in hundert Jahren. Oder selbst in zwanzig Jahren!

Wir sind eine zweifelhafte Mischung aus Nukleinsäuren und Erinnerungen, aus Begierden und Proteinen. Das zu Ende gehende Jahrhundert hat sich eingehend mit Nukleinsäuren und Proteinen beschäftigt. Das kommende wird sich auf die Erinnerungen und die Begierden konzentrieren. Wird es solche Fragen zu lösen vermögen?

NACHWORT
DAS EXPERIMENT UND DIE ETHIK
DES NICHTWISSENS

D*ie Maus, die Fliege und der Mensch* handelt von der Bastelei des Lebens, der biologischen Evolution ebenso wie der Biologie als Wissenschaft. Es ist selbst eine »bricolage« im besten Sinn des Wortes. François Jacob führt uns in die griechische Mythologie, erzählt Anekdoten, nimmt Themen früherer Bücher wieder auf, variiert sie, setzt neue Akzente, nuanciert, ändert Rhythmen. Dieses Buch ist Musik in den Ohren all derer, die das Erzählen von Wissenschaftsdingen für literaturfähig halten. Sein innerer Zusammenhalt ist von besonderer Art: motivisch, unter einer getupft, mitunter gehupft erscheinenden Oberfläche. Es ist selbst so kombinatorisch wie es das Spiel der Evolution beschreibt. Es streift an Triviales; und es enthält Formulierungen von höchster intellektueller und poetischer Raffinesse, so etwa die Sätze, mit denen das Buch endet: »Wir sind eine zweifelhafte Mischung aus Nukleinsäuren und Erinnerungen, aus Begierden und Proteinen. Das zu Ende gehende Jahrhundert hat sich eingehend mit Nukleinsäuren und Proteinen beschäftigt. Das kommende wird sich auf die Erinnerungen und die Begierden konzentrieren. Wird es solche Fragen zu lösen vermögen?« (S. 198.) Als François Jacob 1965 für seine Arbeiten

zur Aktivierung und Repression bakterieller Gene mit dem Nobelpreis für Medizin und Physiologie ausgezeichnet wurde, den
er mit André Lwoff und Jacques Monod teilte, waren die Umrisse
der Molekularbiologie in großen Zügen festgelegt. Jacob hatte
zusammen mit Monod am Institut Pasteur in Paris einige tra-
gende Wände in das neue Gebäude eingezogen. Das Operon-
Modell der Genregulation und die Vermittlung der Genexpression durch eine als »Messenger« bezeichnete Ribonukleinsäure
waren fest mit seinem Namen verbunden. Der genetische Code
war gerade entschlüsselt, und der Molekularbiologe Gunther
Stent begann darüber zu sinnieren, daß die Zeit der Heroen vor-
bei und die neue Biologie nach der romantischen, dann der dog-
matischen, nun in ihre akademische Phase eingetreten sei. Für
das Bakterium *Escherichia coli* und seine Phagen habe als Modell-
organismen die Stunde geschlagen, erklärte er, und was an Ge-
heimnissen verbleibe, sei in der Keimesentwicklung höherer Organismen und insbesondere in der Neurobiologie zu suchen.
Stent wandte sich in Berkeley den Fröschen zu, Sydney Brenner
in Cambridge dem Fadenwurm *Caenorhabditis elegans*, Francis
Crick dem Gehirn, Jacob, nach einigem Zögern, der Maus. Keiner der Erbauer der Molekularbiologie sah in diesen späten sechziger Jahren voraus, daß das neue Zeitalter der Gentechnologie
wenige Jahre danach von eben diesem »akademisch« gewordenen Umgang mit Viren und Bakterien seinen Ausgang nehmen
würde. Auch wandte sich keiner dem Haustier der klassischen
Genetik, der Fruchtfliege *Drosophila melanogaster* zu, mit der Ed
Lewis, Eric Wieschaus und Christiane Nüsslein-Volhard in den
achtziger Jahren der Durchbruch zu einer molekularen Embryologie gelang. Ein schönes Beispiel für die »Bedeutung des Unvorhersehbaren« in der Geschichte, die Jacob auch in seinem
neuen Buch immer wieder betont. »Die Forschung ist ein Prozeß

ohne Ende. Man weiß niemals, wie er sich entwickeln wird. Das Unvorhersehbare liegt in der Natur des wissenschaftlichen Unternehmens. Wenn das, was man findet, wirklich neu ist, so ist es definitionsgemäß etwas, das man vorher nicht gekannt hat.« (S. 22)

Seit 1970 hat Jacob im Abstand von ungefähr zehn Jahren der Öffentlichkeit jeweils ein neues Buch vorgelegt. Die *Logik des Lebenden* (1970, dt. 1972) war eine Geschichte der Vererbung, die der Foucaultschen Archäologie des Wissens ein bis heute unübertroffenes Denkmal setzte – vielleicht die einzige Archäologie eines Wissens, die bisher geschrieben wurde. Im *Spiel der Möglichkeiten* (1981, dt. 1983) werden zukünftige Biologiehistoriker eines der Gründungsdokumente einer jenseits der klassischen Synthese angesiedelten, molekularbiologisch fundierten Evolutionsbiologie erblicken. Mit *Die Innere Statue* (1987, dt. 1988) hat Jacob dem Genre der Wissenschaftler-Autobiographie Maßstäbe gesetzt, die James Watsons Bericht über die »Doppelhelix« wie einen Schulbubenstreich erscheinen lassen. Wer das neue Buch gelesen hat, wird es als vorläufige Summe der literarischen Eleganz, der Lebens-Nachdenklichkeit und der weit ausgreifenden wissenschaftshistorischen Reflexion eines großen Biologen dieses Jahrhunderts sehen. Es nimmt unter den vielen Selbstzeugnissen der Begründer der Molekularbiologie einen besonderen Platz ein.

Der Autor dieser Tetralogie wurde 1920 in Nancy geboren. Bevor er sein Studium der Medizin beenden konnte, brach der Krieg aus. Nazideutschland besetzte Frankreich. Jüdischer Herkunft, französisch gesinnt, schloß sich Jacob dem Widerstand an. Über England kam er nach Nordafrika, wo er als Partisan kämpfte. Bei der Landung kurz vor der Befreiung von Paris wurde er durch Bombensplitter schwer verletzt und entging nur knapp

dem Tod. An den Folgen seiner Verletzungen trägt er bis heute.
Sein Medizinstudium beendete er nach dem Krieg im Schnell-
verfahren, suchte eine Zeitlang nach einer ihn befriedigenden
Arbeit, kam schließlich nach wiederholten und vergeblichen
Vorstellungsversuchen zu André Lwoff ans Institut Pasteur. Dort
entwickelte sich zunächst eine enge Zusammenarbeit mit seinem Kollegen Elie Wollman über die Lysogenie von Bakterien-
viren, in deren Verlauf die beiden Forscher mit Experimenten zur
Bakteriensexualität die Technik des »mapping by mating« eta-
blierten. Der Einsatz dieser Technik im Rahmen von Versuchen
zur Induktion des Laktose abbauenden Enzyms ß-Galactosidase
in *Escherichia coli* führte zu der legendären Teamarbeit zwischen
Jacques Monod und François Jacob, aus der sich die Postulierung
eines kurzlebigen Transmitters genetischer Information, der
Boten-RNA, ergab. Damit war das Zwischenglied identifiziert,
das dem Dogma der Molekulargenetik zufolge zwischen DNA
und Proteinen vermittelt. Die DNA, aus der die Gene aufgebaut
sind, verdoppelt sich selbst, sie wird in Boten-RNAs überschrie-
ben, und diese werden schließlich in Proteine übersetzt. Monods
und Jacobs Zusammenarbeit gipfelte in einem sensationellen
Modell der Genregulation auf der Ebene der Transkription, gesteuert von Umwelt- und Stoffwechselsignalen. Aus dem Blick-
winkel der weiteren Entwicklung der molekularen Genetik
stellt dieses Modell in der Tat so etwas wie eine Wasserscheide
dar. Es vollendete einerseits die lineare, vergleichsweise reduk-
tionistische Sichtweise der bakteriellen Genetik. Es nahm aber
gleichzeitig durch die Unterscheidung zwischen Struktur- und
Regulatorgenen sowie Operator-Elementen auf der DNA das
Prinzip einer hierarchischen Ordnung genetischer Information
vorweg. Dieses Prinzip kommt erst heute im Rahmen der molekularen Embryologie zur vollen Geltung. Es war allen Mitglie-

dern des damals noch vergleichsweise kleinen Kreises von Molekularbiologen klar, daß diese im Jahre 1961 veröffentlichten Arbeiten aus dem Institut Pasteur zur Verleihung des Nobelpreises
führen würden. Das Drama dieser Forschungen hat Jacob in seiner Autobiographie in aller gelebten Kontingenz und nachträglich entstehenden Folgerichtigkeit der Wissenschaft dargestellt.

Jacob ist aber nicht nur *homme de science*, sondern *homme des lett-
res*, *homme de la vie* zugleich. Besessen vom Willen zum Stil, vom
Begehren zu wissen, erfüllt vom evolutionären Geheimnis der
Sexualität, dieser »Maschine zur Erzeugung von Anderem«
(S. 136). Getragen vom Wunsch, die Erfahrung seines Lebens
mitzuteilen: daß die Wissenschaft zwei Seiten hat. Daß wissenschaftliche Rationalität mit ihrem Glanz und Gloria nicht ohne
Kehrseite zu haben ist. Eine Seite, die nicht von der Logik beherrscht wird, sondern von Instinkt und Intuition. »Die Nachtwissenschaft dagegen ist blindes Irren. Sie zögert, stolpert,
weicht zurück, gerät ins Schwitzen, schreckt auf. An allem zweifelnd, sucht sie sich, hinterfragt sich, setzt immer wieder neu an.
Sie ist eine Art Werkstatt des Möglichen, in der das künftige
Material der Wissenschaft ausgearbeitet wird.« (S. 164) Diese
Arbeit in den Schächten und Stollen, im Labyrinth der Wissenschaft ist eines der wiederkehrenden Motive, die dieses Buch
durchziehen. Der Wunsch, die Wissenschaft im Machen nicht
dem Triumph ihrer Resultate zu opfern. Ihre schöpferische Seite
zu betonen, die sie mit dem Handwerk, der Kunst, mit aller er-
kundenden menschlichen Tätigkeit gemeinsam hat.

Vom Unvorhersehbaren der Geschichte und also auch der
Wissenschaftsgeschichte handelt dieses Buch, von Fliegen, Mäusen und Menschen, vom Eigenen und vom Anderen, vom Guten
und vom Bösen, vom Schönen und vom Wahren. Eine eigentümliche, immer geistreiche Mischung aus theoretischen Reflexio-

nen, historischen Aperçus, autobiographischen Reminiszenzen, Meditationen über die *conditio humana*, Überlegungen zur Ethik der Forschung, zur Kreativität in Wissenschaft und Kunst.

Gleich der Kunst »schafft« die Wissenschaft ihre Wirklichkeit ebenso wie sie diese »entdeckt«. »Wie in der Literatur oder in der Malerei, so gibt es auch in der Wissenschaft einen Stil.« (S. 181). Dieses Buch legt Zeugnis ab von einem solchen Stil, bekennt sich zur Pluralität möglicher Wissenschaftswelten. Es ist das Zeugnis eines Wissenschaftlers, der wie vielleicht kein anderer in diesem Jahrhundert durchlebt, empfunden und darüber nachgedacht hat, was das Experiment für das Ereignis des Wissens bedeutet – für seine Grenzen wie für die Unvorwegnehmbarkeit des Neuen, das nur im Versuch gewonnen werden kann – in der Kunst wie in der Wissenschaft.

Dieses Buch kommt zur rechten Zeit. Man müßte es der ganzen Schar jener selbsternannten Wissenschaftspriester als Lektüre auferlegen, die seit kurzem gegen die sogenannte postmoderne »Flucht vor der Vernunft« im großen Stil einer geistigen Prohibition zu Felde ziehen, so als gälte es wieder einmal einen Kreuzzug zu führen. Jacob schreibt ihnen allen ins Stammbuch: »Die Gefahr für den Wissenschaftler besteht darin, daß er die Grenzen seiner Wissenschaft und damit seines Wissens nicht erkennt. [...] Aber vor allem besteht sie in der Gewißheit, recht zu haben.« (S. 157) Die von Jacob angemahnte Ethik des Wissens ist letztlich eine Ethik der Ungewißheit. Worin sollte auch sonst ihr Einsatz bestehen?

Hans-Jörg Rheinberger
Max-Planck-Institut für Wissenschaftsgeschichte, Berlin

Naturwissenschaft im dtv

Naturwissenschaft im dtv